JN237739

レッスンブック
LESSON BOOK

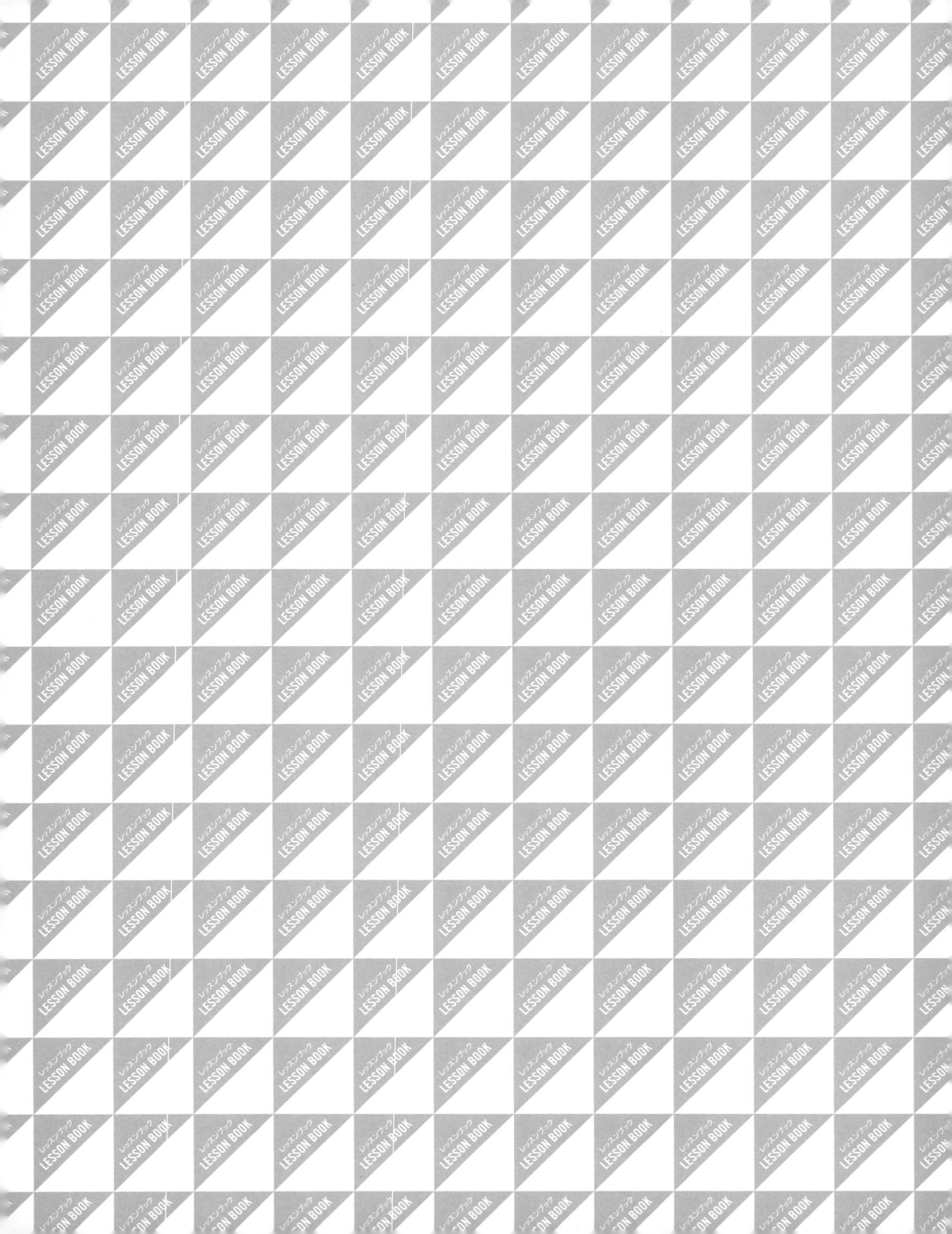

jQuery　LESSON BOOK　jQuery 2.x/1.x 対応

サンプルデータ
ダウンロードサービス付き

jQuery
レッスンブック

山崎大助 著

jQuery 2.x/1.x 対応

ステップバイステップ形式でマスターできる

LESSON BOOK

ソシム

- JavaScriptは、Oracle Corporation及びその子会社、関連会社の米国及びその他の国における商標または登録商標です。
- Microsoft、Windows、Internet Explorer、Bingは、Microsoft Corporationの米国および各国における商標または登録商標です。
- Apple、iPad、iPhone、Macintosh、Mac、Mac OS、Mac OS X、Safariは、Apple Computer, Inc.の米国および各国における商標または登録商標です。
- GoogleおよびGoogleロゴ、AndroidおよびAndroidロゴ、Google Chromeは、Google Inc.の商標または登録商標です。
- Mozilla、Mozilla Firefox、Firefoxは、Mozilla Foundationの米国および各国における商標または登録商標です。
- その他、本書に掲載されているすべてのブランド名と製品名、商標または登録商標は、それぞれの帰属者の所有物です。本書中に®、©、TMは明記していません。

■本書はソシム株式会社が出版したもので、本書に関する権利、責任はソシム株式会社が保有します。
■本書のいかなる部分についても、ソシム株式会社との書面における事前の同意なしに、電気、機械、複写、録音、その他のいかなる形式や手段によっても、複製、および検索システムへの保存や転送は禁止されています。
■本書の内容は参照用としてのみ使用されるべきものであり、予告なしに変更されることがあります。また、ソシム株式会社がその内容を保証するものではありません。本書の内容に誤りや不正確な記述がある場合も、ソシム株式会社はその一切の責任を負いません。
■本書に記載されている情報やURLなどは、2014年8月時点のものであり、ご利用時には変更されている場合があります。
■本書に記載されている内容の運用によって、いかなる損害が生じても、ソシム株式会社および著者は責任を負いかねますので、あらかじめご了承ください。

ダウンロードサンプルファイルについて
■ダウンロードサンプルファイルに含まれているサンプルコードは、本書をお買い上げくださった方が本書を学ぶために用意したものです。それ以外の用途でのご利用はできません。
■サンプルコードは学習用のため、エラー処理やセキュリティの配慮などを省いた簡素化したものになっています。実用を保証するものではありませんので、ご注意ください。
■ダウンロードしたサンプルコードの運用によって、いかなる損害が生じても、ソシム株式会社および著者は責任を負いかねますので、あらかじめご了承ください。

はじめに

みなさんがこの本を手にするのは、「jQueryを必ず習得したい」「jQueryの基本を挫折せずに、しっかり理解してスキルアップしたい」「jQueryを使っているけれど実は理解してない」などと思っている方が多いかと思います。数年前まではjQueryのコードをコピー＆ペーストで使えるくらいでよかったと思いますが、今Web制作に求められているスキルはより高いものになりました。すでにあるjQueryライブラリをアレンジして、サイトに組み込んだりすることはよくあることです。
しかしWebデザイナーや、フロントエンドエンジニアの初心者にはスクリプトに抵抗がある人が多いため、簡単にはスキルアップできないという実情も知っています。事実、jQueryやJavaScriptなどを習得しようと試みて挫折した人はとても多いはずです。
書籍を購入したが難しくてサンプルのみに頼ってしまい、基礎を理解しないで使用している方もいまだに見かけます。先ほども述べましたが、jQueryは使えて当たり前と言っても過言ではない時代になりました。基礎から理解して自分でアレンジする実践力が今後は大事になります。

本書では、jQueryにかぎらず「スクリプトを覚える極意」など学習方法についても言及しています。今までスクリプトやjQueryが苦手、理解し難いと思っていた方は、本書の「スクリプトを覚える極意」が参考になると思います。そのほかにも入門として必要な情報は、できるだけ載せていますのでjQueryを始める前にお読みいただくことをオススメします。
筆者は、学校を卒業してからWeb業界に入ったわけではありません。もともとは別業界で「パソコンは28歳までまったく触ったことがなかった」ので、キーボードも打てずメールさえ一苦労でした。しかし今では、HTML/CSS/JavaScript/PHP/SQL/…など、複数の言語も使えるようになり、サーバやデータベースの知識も持ち合わせるようになりました。そして、当時からは想像できないようなアプリケーションも1人で作成できるレベルにまでなったのです。
私は若い時からWebを学んだわけではありませんでしたので、とにかく習得に苦労しました。その苦労を重ねて分かったことを踏まえて本書を書いています。サンプルも1つの説明に1つ用意してありますので、ブラウザ上で動作を確認しながら学べます。サンプルコードはできるだけ無駄なコードをなくしてシンプルに見やすくしています。

本書は、jQueryの入門編です。入門から挫折しては意味がありません。最初は時間が必要ですので、焦らずに読み進めてください。焦りは理解の敵になり、理解を曇らせてしまいます。本書の最初は知識を深め、習得方法を学びます。読み進めていくと、サンプルを使って実際に覚えていくレッスンになります。そして最後は、jQueryライブラリの使用方法等を学んで実践的な理解を深めます。
jQueryは難しくないので、本書で基礎を理解し、jQueryに慣れたら次のステップへ進んでいってください。

山崎 大助

Contents

jQuery Lesson Book

目次

Chapter 1 準備編

はじめてのjQuery …… 011

Lesson 1　jQueryを使う前に知っておきたい基礎知識 …… 012
- Webページの構成要素のおさらい …… 013
- jQueryとは …… 017
- jQueryでできること …… 018
- jQueryとJavaScriptの違い …… 020
- デザイナーとプログラマーでのjQueryの使い方の違い …… 021
- JavaScript／jQueryの関連技術 …… 022

Lesson2　スクリプトを覚える極意 …… 024
- 最低限、使うものだけ覚えよう …… 025

Chapter 2 準備編

jQueryライブラリの「準備」と「約束ごと」 …… 027

Lesson1　jQueryライブラリの「準備」 …… 028
- jQueryライブラリを使うための2つの方法 …… 029
- 「jQueryをダウンロードして使用する方法」での準備 …… 030
- 「ダウンロードせずにjQueryを利用する方法（CDN）」での準備 …… 034
- jQuery非推奨APIの確認 …… 037

Lesson2　JavaScriptの「約束ごと」 …… 038
- 新たな確認用スクリプトの準備 …… 039
- JavaScriptの読み込みの順序 …… 040

Lesson3　jQueryスクリプトのデバッグ …… 042
- これから絶対必要なスキル！デバッグツールとは？ …… 043
- デバッグツール用のサンプルファイル …… 044
- Internet Explorerを利用したデバッグ方法 …… 044
- Google Chromeブラウザを利用したデバッグ方法 …… 050

Chapter 3 基礎編

jQueryの基礎知識 ······ 057

Lesson1　jQueryの実習に入る前に知っておくべきこと ······ 058
　jQueryを使うための流れを理解する ······ 059

Lesson2　jQueryの文法の3つのポイント ······ 060
　jQueryで覚えておきたい3つの用語 ······ 061
　「どの箇所に対して」＝「セレクタ」 ······ 061
　「何をさせる」＝「メソッド」 ······ 061
　「どのタイミングで?」＝「イベント」 ······ 062
　jQueryの記述とコメント ······ 062

Lesson3　jQueryの文法1：セレクタ ······ 067
　要素と属性の指定 ······ 068

Lesson4　jQueryの文法2：メソッド ······ 082
　jQueryでCSSスタイルを追加・変更する ······ 083
　HTMLを操作するメソッド ······ 087
　文字列の取得と書き換え　htmlメソッド ······ 087
　テキストを操作する　textメソッド ······ 090
　値を操作する　valメソッド ······ 093
　属性値を操作する　attrメソッド ······ 096
　要素の先頭にHTML要素・文字を追加　prependメソッド ······ 100
　要素の後ろにHTML要素・文字を追加　appendメソッド ······ 101
　要素の前にHTML要素・文字を追加　beforeメソッド ······ 102
　要素の後にHTML要素・文字を追加　afterメソッド ······ 103
　HTML要素内の子要素を全削除　emptyメソッド ······ 104
　HTML要素を削除　removeメソッド ······ 105
　メソッドチェーン ······ 106

Lesson5　jQueryの文法3：イベント ······ 109
　よく使われるイベント ······ 110
　最初に覚えるイベント　onイベント、offイベント ······ 111
　マウスから発生するイベント ······ 116
　タッチ操作のイベント　touchstartイベント、touchmoveイベント、touchendfイベント ······ 124
　チェンジ イベント　changeイベント ······ 126
　その他のイベント ······ 130

Contents

jQuery Lesson Book

Chapter 4 基礎編

実践的なメソッドとアニメーション ……… 139

Lesson1 実践的なメソッド ……… 140
このレッスンで紹介する便利なメソッド ……… 141
表示されている要素を非表示にする（基礎） hideメソッド ……… 141
非表示されている要素を表示にする（基礎） showメソッド ……… 143
「表示・非表示」をclickイベントで実装（応用） showメソッド、hideメソッド 145
表示されている要素をフェードアウトする（基礎） fadeOutメソッド … 146
非表示されている要素をフェードインする（基礎） fadeInメソッド 147
非表示しているHTML要素をスライドダウンで表示（基礎） slideDownメソッド 149
表示しているHTML要素をスライドアップで非表示（基礎） slideUpメソッド 150
HTML要素の表示・非表示を切り替える（基礎） slideToggleメソッド 152
「表示・非表示」をボタンで切り替える（応用） slideToggleメソッド 154
クリックイベントを関数から直接実行する（基礎） triggerメソッド 155

Lesson2 jQueryアニメーション ……… 158
animateメソッドを使用したアニメーション（基礎）……… 159
animateメソッドを使用したアニメーション（実践）……… 163
animateメソッドを使用したアニメーション（応用）……… 167

Chapter 5 実践編

jQueryプラグイン・ライブラリを活用する …… 177

Lesson1 bxSlider（スライドショー）……… 178
bxSliderライブラリの設定 ……… 179
bxSliderライブラリの利用例 ……… 180

Lesson2 slidr.js（スライドショー）……… 184
slidr.jsライブラリの設定 ……… 185
slidr.jsライブラリの利用例 ……… 186

Lesson3　ColorBox（ポップアップ）　……　191
ColorBoxライブラリの設定　……　192
ColorBoxライブラリの利用例1　……　194
ColorBoxライブラリの利用例2　……　198

Lesson4　liteAccordion（アコーディオン）　……　200
liteAccordionライブラリの設定　……　201
liteAccordionライブラリの利用例　……　203

Lesson5　jQuery Toggles（トグルボタン）　……　209
jQuery Togglesライブラリの設定　……　210
jQuery Togglesライブラリの利用例　……　212
jQuery Togglesライブラリの利用例（応用）　……　215

Lesson6　responsive nav（ナビゲーション）　……　219
responsive navライブラリの設定　……　220
responsive navライブラリの利用例　……　222

Lesson7　alertify.js（ダイアログ／アラート）　……　225
alertify.jsライブラリの設定　……　226
alertify.jsライブラリの利用例　……　228

Lesson8　TABSLET（タブ切り替え）　……　233
TABSLETライブラリの設定　……　234
TABSLETライブラリの利用例（tabs_default）　……　235
TABSLETライブラリの利用例（tabs_active）　……　238
TABSLETライブラリの利用例（tabs_hover）　……　239
TABSLETライブラリの利用例（tabs_animate）　……　240
TABSLETライブラリの利用例（tabs_rotate）　……　241
TABSLETライブラリの利用例（tabs_controls）　……　242
TABSLETライブラリの利用例（before_event）　……　243
TABSLETライブラリの利用例（after_event）　……　244
TABSLETライブラリの利用例（data-toggle、data-animation）　……　245
TABSLETのプロパティ　……　246

Lesson9　Intro.js（チュートリアル表示）　……　247
Intro.jsライブラリによるチュートリアル表示　……　248
Intro.jsライブラリの設定　……　250
Intro.jsライブラリの利用例　……　252
Intro.jsライブラリの動作の設定　……　254

Lesson10 Ajax（非同期通信）の基礎知識 257

- Ajaxの特徴 258
- Ajaxの構文 258
- Ajaxの構文（ソースコード例） 260
- Ajaxのサンプルプログラム 261
- Ajaxのサンプルプログラムの動作の設定 263
- ブラウザでのAjax通信の確認 265

セレクタ索引 268
メソッド索引 268
イベント索引 268
用語索引 269
掲載プログラム一覧 270

column

- jQueryのライセンスは？ 029
- 本書で使用するjQueryのバージョン 030
- jQueryバージョン1.xと2.xの違い 032
- 「$(document).ready(function(){…」の短縮形 041
- 少しでも変更したら都度、ブラウザで確認 043
- jQueryのファイルサイズ 066
- 「$」と「jQuery」の記述の違い
  （特にWordPressで使用する場合の注意） 083
- onイベントの利用 115
- イベントハンドラ内での「thisオブジェクト」とは？ 123
- DOMについて 136
- jQueryの対応ブラウザの確認 144
- eachメソッドで複数の要素からデータを取得 175
- プロパティを追加する場合の注意 199
- JSONとJSONP 259

About Book　jQuery Lesson Book

→ 本書の使い方

　本書は、「jQueryを初めて触る」、「jQueryを使っているがきちんと理解していない」という読者を主な対象としています。ただし、HTMLやCSSの基礎知識は持っていることを前提としていますので、これからWeb制作を始めるという方は、HTMLやCSSの書籍を先にお読みください。

　本書は、以下の3つパートで構成されており、それぞれに章とレッスンを用意しています。レッスンでは実際にサンプルコードを打ち込んで、Webブラウザで実行して動作を確認できるように構成してあります。各章の概要を以下に紹介します。

▶ 準備編

Chapter 1　はじめてのjQuery

　jQueryを始める前の基礎知識を学びます。jQueryの位置づけや特徴、jQureryで何ができるかを理解します。また、jQueryなどのスクリプト言語を習得するための極意も紹介しました。

Chapter 2　jQueryライブラリの「準備」と「約束ごと」

　jQueryを使ったレッスンを始める前に、jQueryライブラリを準備し、正しく動作しているかを確認します。また記述の約束ごとや、うまく動作しない場合の対処法（デバッグの仕方）も取り上げます。

▶ 基礎編

Chapter 3　jQueryの基礎知識

　jQueryを実際にサンプルコードを使ってレッスン形式で学んでいきます。ここではjQueryで押さえておく3つのポイント「セレクタ」「メソッド」「イベント」について、基礎がしっかり身につくように構成しました。

Chapter 4　実践的なメソッドとアニメーション

　基礎が身についたところで、実践を積み上げていきます。ここではよく使う表示・非表示、フィードイン・フェードアウトといったメソッドや、jQueryアニメーションについて解説します。

▶ 実践編

Chapter 5　jQueryプラグイン・ライブラリを活用する

　Web制作の現場では、いちからjQueryを記述するのではなく、すでに公開されている便利なjQueryのプラグイン・ライブラリを組み込んで活用することがよくあります。ここではそのカスタマイズ例を紹介します。

→ サンプルデータのダウンロードについて

　本書に掲載しているすべてのサンプルプログラムのソースコード、画像などのリソースは、以下のWebページよりダウンロードできます。

●掲載プログラムのダウンロード
http://www.socym.co.jp/book/947

　上記のWebページより［ダウンロード］ボタンを押すと、ダウンロード用のWebページに移動しますので、そちらよりダウンロードを行ってください。ダウンロードされたファイルはzip形式で圧縮されていますので、デスクトップなど適当な場所に解凍してご利用ください。なお、解凍されたファイルにreadme.txtがある場合は、そちらを必ずご確認ください。
　サンプルプログラムは、章およびレッスンのフォルダに分けて収録してあります。実行にあたっては事前の準備などが必要な場合がありますので、本文の該当ページをご確認の上、ご利用ください。

　ダウンロードしたサンプルプログラムでは、執筆時点の最新版であるバージョン「2.1.1」を読み込むように設定していますが、バージョン1.11.1でも動作は確認してありますので、1.x系でお使いになる場合は、サンプルプログラムを書き換えてご利用ください。

jQuery　LESSON BOOK

準備編

Chapter 1

はじめての jQuery

この章ではjQueryを始める前に必要な基礎知識を学んでいきます。jQueryの位置づけや特徴などを知ることで、jQueryをどのように使っていくべきかがわかります。ちょっと遠回りですでに知っていることも多いかもしれませんが、Web制作の経験が深い方は復習のつもりで読んでみてください。逆にWeb制作は、まだまだビギナーという方は必ず読むようにしてください。HTMLやCSS、JavaScriptがなぜ必要なのか？そしてjQueryはどのような用途、意味を持つのかをこの章で、しっかり理解していきましょう。

Lesson 1

Chapter 1

jQueryを使う前に
知っておきたい基礎知識

このレッスンではjQueryを学ぶ前に必要な基礎知識を学んでいきます。HTMLやCSSそして関連技術に関しても知っておく必要があります。また、同じjQueryでもデザイナーが使うjQueryとプログラマーが使うjQueryでは、習得したい知識などに違いがあります。そのことについてもこのレッスンで知っておきましょう。

Webデザイナーに必要なスキル

- **HTML5** — より厳密な文書構造を定義できる！
- **CSS3** — よりリッチなデザイン表現を実現できる！
- **jQuery** — ユーザー操作に対応した動的なページが生成できる！

◉ POINT

○ Webページの構成要素をおさらいしておく

○ jQuery/JavaScriptの位置づけ、特徴をしっかりと把握しておく

○ HTML5/CSS3/JavaScriptは、Webサイトに関わる人の必須知識

○ jQueryは、JavaScriptのライブラリの1つ

○ デザイナーとプログラマーでは、jQueryを学ぶ範囲は異なる

Webページの構成要素のおさらい

　jQueryの話に入る前に、そもそもWebページはどのような構成要素でできているのか、確認しておきましょう。まずはみなさんよくご存じの「HTML」と「CSS」ですが、簡単に復習しておきます。

▶ HTMLとは

　HTMLは文書（コンテンツ）とその構造の作成を担当しています。インターネット上のWebページを作成するうえで、核になる言語が「HTML」です。

　HTMLとは「HyperText Markup Language」の略ですが、マークアップという名前のとおり、「要素」（タグ）と呼ばれるものを使って、文書の構造をマークアップして作成していきます。たとえば、HTMLで見出しを付けたい場合には、「h1、h2、h3、h4…」のように要素（タグ）を使って、h1〜h6の段階で見出しレベルを付けることができます。ほかにもHTMLにはたくさんの要素（タグ）があり、その要素（タグ）を使用して文書と構造を組み上げていきます。

　このように、要素（タグ）を付けるだけなので、HTMLはメモ帳などのテキストエディタがあれば簡単に書くことができ、初心者でも習得しやすい言語です。なお、HTMLでは文書と構造のみを指定し、デザイン（装飾）の役割はありません。装飾を指定するのは、次の「CSS」の役割になります。

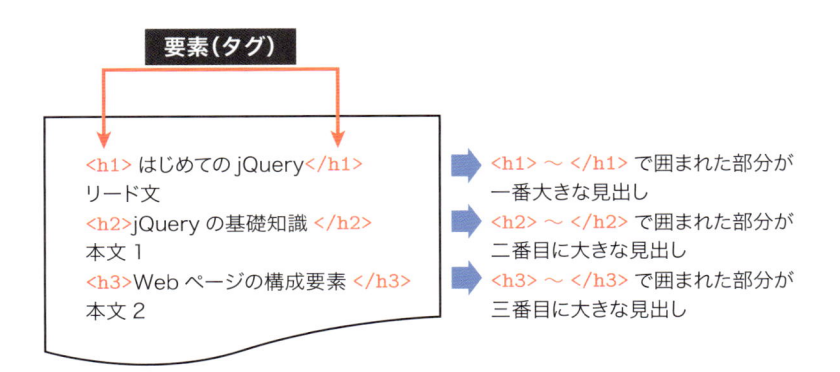

要素（タグ）

```
<h1>はじめてのjQuery</h1>
リード文
<h2>jQueryの基礎知識</h2>
本文1
<h3>Webページの構成要素</h3>
本文2
```

→ `<h1>` 〜 `</h1>` で囲まれた部分が一番大きな見出し
→ `<h2>` 〜 `</h2>` で囲まれた部分が二番目に大きな見出し
→ `<h3>` 〜 `</h3>` で囲まれた部分が三番目に大きな見出し

▶ CSSとは

　CSSは「Cascading Style Sheets」の略で、スタイルシートとも呼ばれます。CSSは、先の「HTML」で指定した文書とその構造に対して、装飾を指定する役割を持っています。つまり、Webページの「レイアウト」や「デザイン」はCSSを使って行うことになります。逆に、CSSではHTMLのような文書の構造を作成することはできません。

　CSSとHTMLはいっしょに組み合わせて使う言語ですが、このように役割がはっきり分かれているため、記述方法もHTMLとは異なります。流れとしては、先にHTMLで文書とその構造を記述していき、それからCSSでレイアウトやデザインを行います。そのため、CSSはCSSファイル単体としても扱えますが、HTML内に記述して使用することもできます。

CSSとHTMLの役割を分けたことで、メンテナンスがしやすくなり、作成後の変更も容易になります。HTMLを変更することなく、CSSの記述部分を修正するだけで、レイアウトやデザインを簡単に変更できるのが大きなメリットでしょう。最近では、PCだけでなくスマートフォンやタブレットなど多様なデバイスに対応するために、同じHTMLで、CSSのみをデバイスごとに切り分けて最適な表示を行うための「レスポンシブWebデザイン」と呼ばれる手法も普及しつつあります。

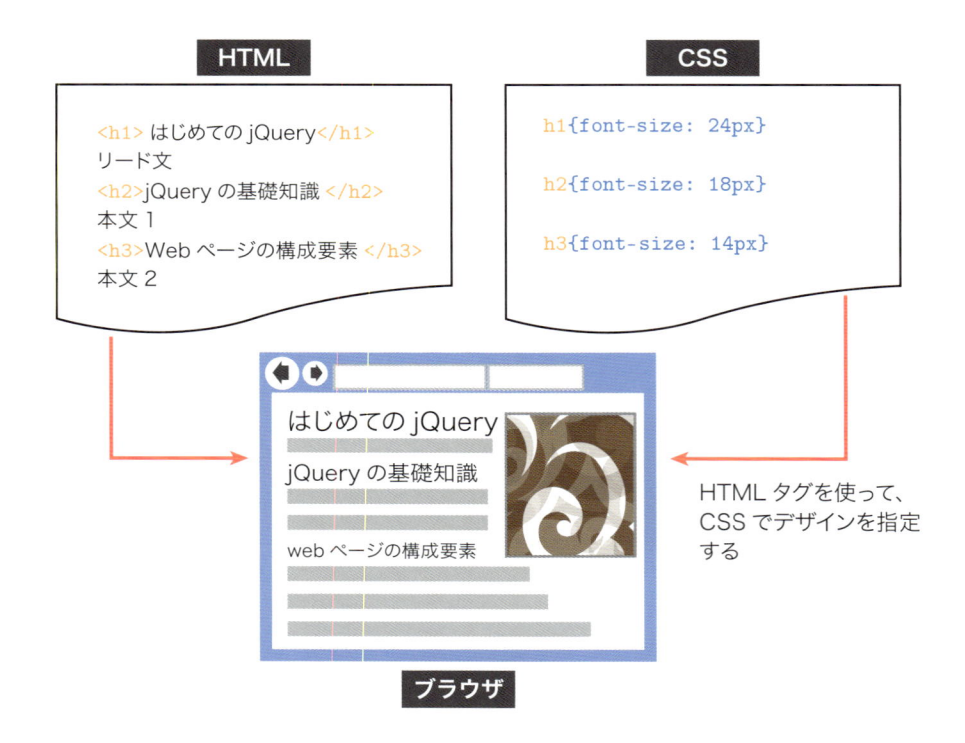

HTML

```
<h1>はじめてのjQuery</h1>
リード文
<h2>jQueryの基礎知識</h2>
本文1
<h3>Webページの構成要素</h3>
本文2
```

CSS

```
h1{font-size: 24px}

h2{font-size: 18px}

h3{font-size: 14px}
```

HTMLタグを使って、CSSでデザインを指定する

ブラウザ

> JavaScriptとは

　Webページは、これまで紹介した「HTML」や「CSS」を使うことで表現することができます。ただし基本的には、HTMLやCSSに記述された内容にそってWebページが生成され、リンクによって別なWebページに遷移するということしかできません。

　このようにHTMLとCSSだけでは静的な情報しか表示できませんが、これらにJavaScriptを組み合せることで、Webページ上の情報を操作することができます。たとえば、みなさんもWebページでよく見かける「画像のスライドショー」、「文字の大きさを変える」ボタン、「入力フォーム」のチェック・アラート表示、「メニューの開閉」ボタンなど、たくさんのことがJavaScriptを使うとできるようになります。

　JavaScriptはスクリプト言語と呼ばれ、

　　ユーザーの操作に対して動的な動きを付加する

という役割を持っているのです。たとえば、JavaScriptのプログラミングのスキルが上がれば、ブラ

ウザで動くゲームなどを作れたりします。これまではこういった動的なページには、「Flash」プラグインをWebブラウザに組み込んで利用するといったことが行われていましたが、最近では以降で紹介するHTML5やCSS3の普及により、Flashを使う機会は少なくなってきました。

なお、JavaScriptはWebサーバに置かれて実行されることもありますが、本書ではHTMLやCSSと同様に、Webブラウザで実行されるJavaScriptを解説しています。

HTMLとCSSだけではできないことが、
JavaScriptを使うと実現できる！

5秒おきに、写真が自動的に切り替わる

このボタンが押されたら
本文の文字の大きさが
変わる

JavaScriptは、以前はスクリプターやプログラマーと呼ばれる人たちだけが扱う特別なスキルでした。しかし現在では、Webページを作成する多くの人に必須のスキルとなりました。

Webページ作成できる ＝ HTML/CSS/JavaScript

これが今の時代のスキルセットです。ただし、プログラマーでなければ、JavaScriptを極めるところまでは必要ありませんが、デザイナーでもJavaScriptで何をやっているのかが理解できることが大事です。新しい技術も続々登場し、新たな便利ツールも増えるなど、年々スキルレベルが上っているので、みなさんもスキルアップを忘れずにがんばっていきましょう。

そして、本書で解説する「jQuery」は「JavaScript」でできています。多くのWebページでjQueryは使用されており、特に商用のWebページでは使っていないケースのほうが少ないかもしれません。このようにJavaScriptを直接書くよりも、jQueryを使って記述することが増えてきています。

筆者もその一人で、これまではJavaScriptをずっと書いていましたが、jQueryと出会い、jQueryを使うとシンプルで簡単な記述で作れるので、今ではほとんどjQueryを使用しています。デザインやプログラムを教える学校でも、JavaScriptではなくjQueryから教えるところもあるくらいです。

▶ HTML5とCSS3

Webページの基本要素である「HTML」「CSS」については先に紹介しましたが、最近はその最新版である「HTML5」「CSS3」を利用するケースも増えてきましたので、こちらも紹介しておきましょう。

HTMLの最新版は「HTML5」ですが、その1つ前のHTML4から、header/main/nav/footer/timeなど、要素が追加され、意味付けをさらに明確にする文書構造が可能になり、使用できるAPI（JavaScriptなど

で利用するブラウザに組み込まれたプログラムのインターフェイス）も増えました。
　最新版のHTML5ではVideoタグやAudioタグ、Canvasタグなどを使用することで「Flash」プレイヤーや「Silverlight」などのようなプラグインを使用しなくても、動画や音声、ゲームや画像のグラフィックの処理などができるようになりました。今後はクライアントアプリケーションのようなものもブラウザ上で実行が可能になるでしょう。
　いっぽうCSSの最新版である「CSS3」は、今までのCSSでは不可能であった、角丸や背景のグラデーション、テキストやボックスに影を付けたりできるなど、よりリッチな装飾機能が追加されました。また、アニメーションに関しても、今まではJavaScriptやFlashでしかできませんでしたが、CSS3の技術を使用することで簡単なアニメーションが可能になりました。アニメーションはFlashのタイムラインに近い仕様なので、Flashを使用していた方にも馴染みやすいでしょう。
　そして、今もっともCSS3になって水を得ているものは、Media Queries（メディアクエリ）でしょう。

　このMedia Queries（メディアクエリ）は、レスポンシブWebデザインでは必須の機能です。

　最近はPCだけでなく、スマートフォンやタブレットなど多様なデバイスに対応することが求められており、最近のWebサイト制作では必須の知識、スキルと言えるでしょう。
　「HTML5」と「CSS3」は最新のPCのブラウザや、スマートフォンやタブレットのブラウザで標準となっているので、JavaScript（jQuery）と合わせて、今後はこれらを前提にWebサイト制作を行っていくことが求められます。

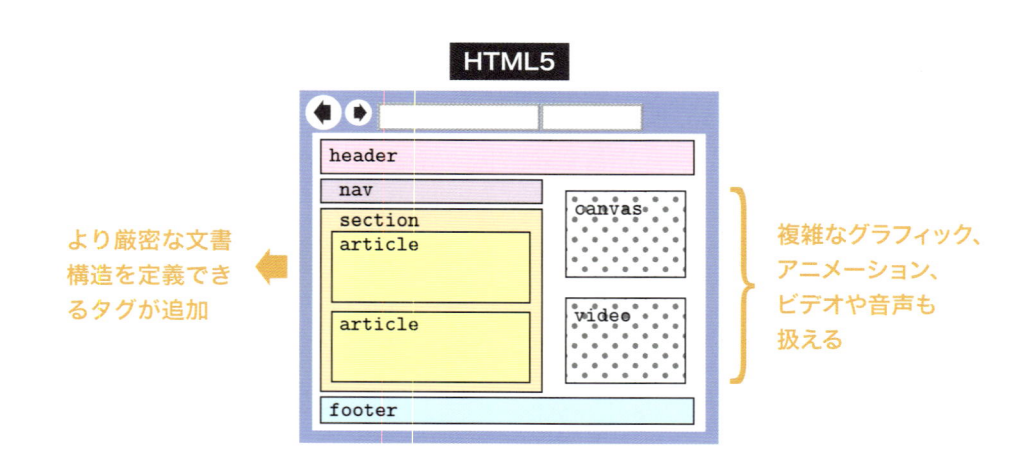

jQueryとは

jQueryはJavaScriptライブラリの1つで、JavaScriptでよく使われる機能を簡素化し、簡単に使えるようにまとめたライブラリファイルの名称です。平たく言えば、

「よく使うJavaScriptを簡単に使えるようにしたもの」

と言ったほうがイメージしやすいでしょうか。ライブラリという名前のとおり「図書館」のように、よく使う機能や便利な機能があらかじめ準備されていて、これを使うことで何もないところから作るよりも、ずっと簡単に手間をかけずにやりたいことが実現できるようになります。

jQueryは、よく使う機能や便利な機能の集まり

- 要素を表示する
- 要素を非表示にする
- 要素をフェードアウトする
- 要素をフェードインする

使いたい機能を呼び出すだけで、JavaScriptの複雑なコードを書く必要はない

jQueryを使用すれば、複雑になりがちなJavaScriptのコードを単純に見やすく少量のコードで書くことが可能になります。シンプルな短いコードでJavaScriptと同じ処理を実行できるのです。具体的には、jQueryを使用すれば、今まで「何十行〜何百行」も自分自身でコードを記述する必要があったものを、数行で（短い処理で）同様の処理をさせることができるようになります。

jQueryでできること

jQueryを使うことで、具体的に何ができるのか、まずはいくつか例を見ていきましょう。jQueryを使用すれば、HTMLやCSSをインタラクティブ（対話的）に操作することができます。たとえば、クリックやマウスオーバーなどブラウザ上で行った何かしらの操作に関連して、要素（DIVなど）を表示・非表示やフェードイン・フェードアウトなどを簡単に実装することができます。

HTMLやCSSを操作できる

HTMLやCSSを操作して、要素を追加・変更・削除したり、属性を追加・変更・削除したり、スタイルの追加・変更・削除や、ブラウザ表示されている情報を変更することができます。それは、文字であったり、要素であったり、画像の表示・非表示だったりなど、操作する対象は多岐に渡ります。

jQueryを使っているWebページを見てみましょう。

●CSS 3.0 MAKER
http://www.css3maker.com/index.html

上記のサイトはjQueryを使用して制作されています。操作してもらえばわかりますが、HTML5とCSS3、そしてjQueryを上手に使って、CSS3のコードを作成するジェネレータ（Webページ）を制作しています。jQueryを使用して、HTMLやCSSを操作することでこんなこともできるようになります。難しい技術に見えますが、Webの知識だけで作成できるのです。

▶ アニメーションができる（要素に対して）

CSS3アニメーションではなく、jQueryを使ってアニメーションをさせることができます。要素の移動・拡縮・スタイル変更など、少ないスクリプトを記述するだけで行えます。ただし、シンプルなアニメーションにしか向かないことは認識しておきましょう。Flashのような複雑なアニメーションはできません。

例として、jQueryを使って画像の切り替えを実現しているWebサイトを紹介しておきます。

●ADAPTOR
http://philparsons.co.uk/demos/box-slider/

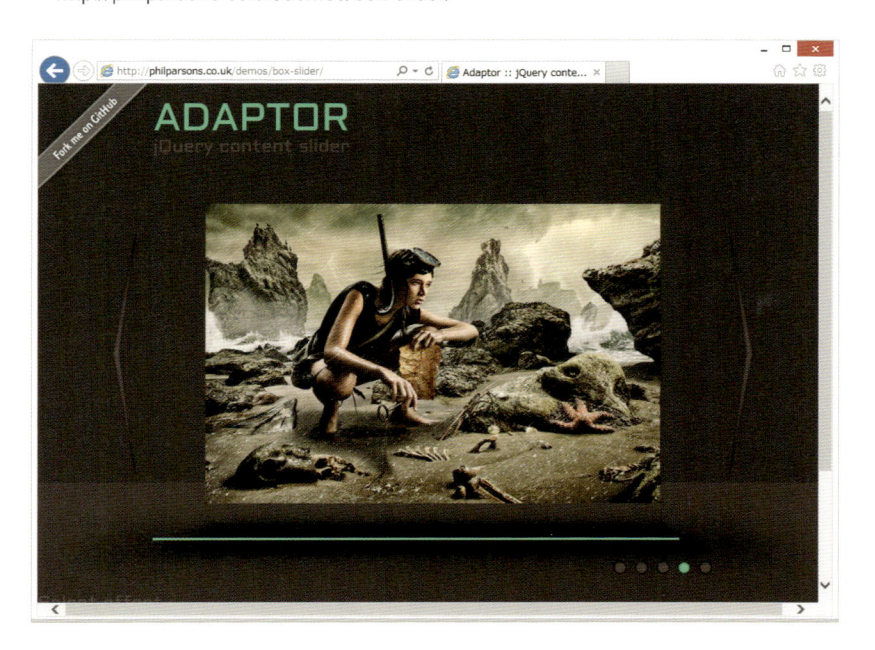

jQueryとJavaScriptの違い

jQueryとJavaScriptについては先に取り上げましたが、もう少し踏み込んで、jQueryとJavaScriptの違いをみてみましょう。jQueryはJavaScriptよりも簡単に使えると何度も書きましたが、具体的なイメージとしては、以下のようになります。

●1つの処理を書く場合

例）JavaScriptで20行で書いていた処理
↓
例）jQueryでは1行書けます。

●スライドショー作る場合

例）JavaScriptでは1週間掛けてもできなかった。
↓
例）jQueryではプラグインを使用すれば半日でできる。

上記のようにJavaScriptでもjQueryでも同じことができるのですが、jQueryを使用したほうが記述はとても楽になります。特にjQueryには「プラグイン」というものがあり、jQueryのほかにもjQueryと併用して読み込んで使用できるライブラリがたくさんあります。たとえば、「タブ」「アコーディオン」「スライドショー」「レスポンシブ対応」などのプラグインを使用すると、さらに多くのことが簡単にできるようになります。

jQueryの公式サイトでも多数のプラグインが公開されていますので、参考にしてみるとよいでしょう。

なお、本書の実践編Chapter5でも、プラグインを利用した事例を取り上げています。

●jQuery公式サイト

http://plugins.jquery.com/

　jQueryはたいへん便利ですが、JavaScriptでも同様のことができることを理解しておくとともに、JavaScriptを使ったほうが小回りが効くことを忘れてはいけません。jQueryは「よく使われる機能を簡単・簡潔に使用できる」のがよさです。つまり「よく使われない」部分や分岐処理（IF文など）に関しては対象外なわけです。対象外の部分を何とかしたい場合は、jQueryではなく、JavaScriptで記述する必要があることは覚えておきましょう。

デザイナーとプログラマーでのjQueryの使い方の違い

　jQueryはJavaScriptよりも簡単だとはいうものの、その応用範囲は幅広いので、すべてを一度に理解する必要はありません。デザイナーやプログラマーによって主に習得しておきたい知識は異なりますので、それらを簡単にまとめておきましょう。
　なお、本書では「デザイナーのためのjQuery」を対象にしています。

デザイナーのためのjQuery

　基本的には、「jQuery」をWebページ上で表示されているものに対しての操作にしか使わないケースが多いでしょう。たとえば「メニューの開閉」「要素の非表示・表示」「画像のポップアップ表示」がもっとも多いと思います。特に、スマートフォンサイトなどはそういった機能が多いでしょう。
　デザイナーの方は、表面の操作を覚えればいいのです。よく言えばそれだけ覚えることが少ないと言えます。これからの時代のデザイナーは、最低限、表面上の操作するためのjQueryは必須であることを知っておきましょう。

▶ プログラマーのためのjQuery

　Ajax通信やForm関連のチェックなど、データの扱いが多くなります。以降でも紹介しますがAjaxは外部のファイルの情報の読み込み、Formは入力内容のチェックなどを行います（たとえばメールアドレスに＠がないとか、郵便番号にハイフンがない、など）。

　またデザイナーの役割の部分も、手助けする必要があります。たとえば、条件によってスライドショーを非表示にするなどの場合には、プログラマーの対応が発生する可能性もあるでしょう。プラグインを読み込んで、スライドショーが動かない場合の対応など、プログラマーの領域は多岐に渡ります。プログラマーの方は、jQueryを全体的に修得する必要があります。また、jQueryではできないことにも対応するために「JavaScript」の知識も必須と言えるでしょう。

→ JavaScript／jQueryの関連技術

　このレッスンの最後に、JavaScript／jQueryに関連する技術を2つ紹介しておきます。

▶ jQuery mobileとは

　jQuery mobileは、jQueryで動作するフレームワークです。スマートフォン向けの直観的で使いやすいUIKit（UI部品）として使用されています。jQuery mobileはjQueryという名前が入っていますが、JavaScriptのようなプログラミングの知識は必要ありません。HTMLにjQuery mobileのフレームワーク（JSファイル）を読み込み、HTMLに必要な属性を記述するだけでスマートフォンの画面が作成できます。そのためデザイナーでも使用方法さえ知っていれば、すぐに使用可能である利点があります。

●jQuery mobile公式サイト
http://jquerymobile.com/

▶ Ajax通信とは

　Ajaxは「Googleマップ」で使われたことで脚光を浴びたので、名前はご存じの方も多いかもしれません。外部にあるファイルをWebページを読み込んだときではなく、何かのイベント（clickなど）に呼応して動作し読み込む機能です。Ajaxを使うことで普通のリンクをクリックしたときのように、Webページ画面が毎回全面的に切り替わることなく、シームレスにWebページの必要な箇所だけを切り替えることができます。

　切り替えるというよりは、Webページの情報をAjaxで読み込んで（表面に見えないところで読み込まれる）、読み込み完了後に表示内容を更新するといったほうがイメージが伝わると思います。同一ページ内でユーザーの操作によって情報が変化するので、Webページというよりは「アプリ」のような使い勝手が実現できます。

　「Googleマップ」以外にも、Bing Maps、hotmail、Gmail、Facebookなど多くのメジャーなサイトでも使われています。1ページ内でページ更新が行われるので、リンクをクリックしてページが切り替わるまで何もできないようなことは避けられます。

　なお、本書の実践編Chapter5の「Lesson10」では、Ajaxのサンプルプログラムを示しながら、基礎的な知識を紹介しています。

●Bing Maps
http://www.bing.com/maps/

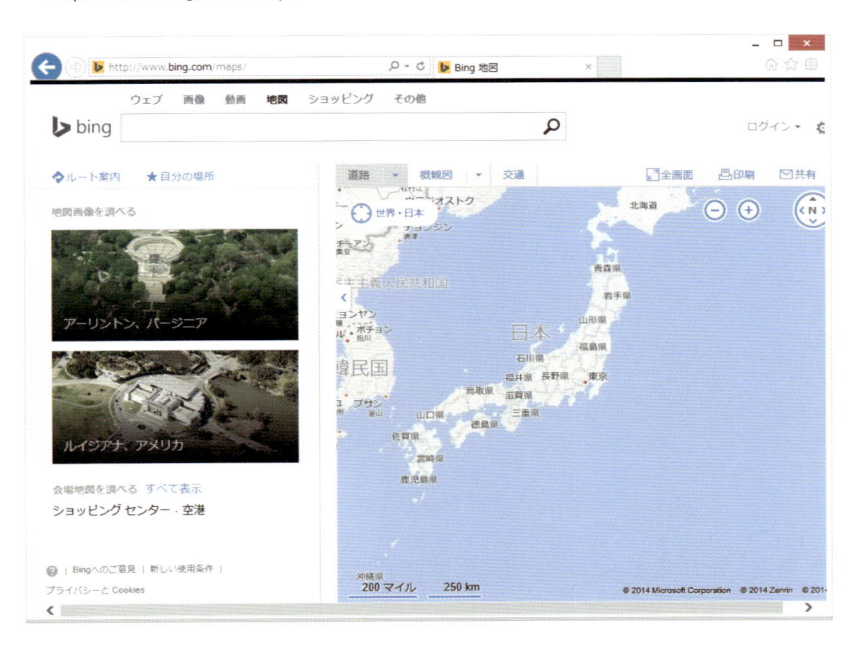

Lesson 2

スクリプトを覚える極意

jQueryを学ぶ意義はわかっていただけたかと思いますが、デザイナーの多くはプログラムやスクリプトに抵抗がある方も多いようです。具体的にjQueryを学んでいく前に、心構えを少し解説しておきたいと思います。スクリプトが初めての方は、スクリプトをすべて覚えるのが理想のように思われがちです。それは「できる」ようになるための1つの手段であり、すべてではありません。
スクリプトに挫折する方の多くは、覚えることが多すぎてよくわからないと、途中で投げ出してしまうようです。しかし、最初に使ってみる上で覚えなければいけないことは、それほど多くないのです。

心得

最低限、使うものだけ覚える！

POINT

○ スクリプトは、すべて覚えようとしなければ難しくない

○ 挫折しないためには、最小限のことだけをまずは覚えれば十分

○ 普段使わない知識は勉強しても忘れてしまう。まずは簡単なものから使ってみて、慣れることから始めよう

最低限、使うものだけ覚えよう

　筆者は暗記が苦手なので、基本的な文法などは理解しているつもりですが、以降のレッスンに出てくる各種のメソッドやほかのたくさんの関数は使う時までほとんど覚えていません。確かに使用方法的なものは一度使っていたりすると感覚として残ってはいますが、ドキュメントや本を見ないときちんとしたコードを書いていくことはできません。

　筆者の場合、実際にスクリプトを使用する際にはWebサイトの情報や本を見て使い方を確認し、実際に試してから使用することがほとんどです。つまりは覚えていることもあるにはありますが、それは一部であり、ほとんどは覚えていないのです。それでもコーディングができるのは、なぜでしょうか？それは実際に使うものは限られており、ほとんどはまれに使うものだからです。

　そう考えれば、最初に覚えるのはよく使うものだけでいいでしょう。つまり、スクリプトを覚えるための極意は、

「最低限、使うものだけ覚える！」

なのです。

いきなり富士山を目指しても、途中で挫折してしまう。まずは、近場の山で経験を積みましょう！

　この考え方でスクリプトに向き合えれば、間違いなく挫折することはないでしょう。使わないものを勉強して一生懸命覚えたとしても、使わなければ数週間で忘れてしまいます。これは現場でコーディングする方のほとんどが、筆者と同様のことを言うでしょう。まず、無駄な知識を増やさず使うものから覚えていきましょう。

もしすべて完璧に暗記することがプロフェッショナルと感じるなら、それは間違いだと筆者は思います（毎日スクリプトを打っているうちに、自然に覚えたというのは別ですのでいっしょにしないように）。
　そもそもスクリプトを書く目的はなんでしょうか？Webサイトでの何かしらの目的を達成するためのものであるはずです。ならば、それが達成できるスキルさえ身につけば、最初は十分ではないでしょうか？結果オーライとも言いますが、完成すればいいのです。
　「すべて覚えたよ！でも出来上がらない…」、これではなんのための勉強だったのでしょうか？スポーツでも「練習のための練習はするな」「試合のための練習をしろ」と言われますが、まさにそれといっしょです。勉強のための勉強ではなく、目的を達成するための勉強をしていきましょう。
　この本の「基礎編」では1つ1つがサンプルとして完結していますので、必要なものだけをチョイスして覚えていくこともできますので、少しずつ必要なものだけを覚えましょう。
　それでは再度申し上げます、

「最低限、使うものだけ覚える！」

それが習得の最短ルートであり、挫折しないための極意なのです！

jQuery LESSON BOOK

準備編

Chapter 2

jQueryライブラリの「準備」と「約束ごと」

以降でjQueryを使ってレッスンを進めていくにあたって、まずこの章でjQueryの「準備」と「約束ごと」について学んでいきます。いままでjQueryを使ったことがない方は、必ず読むようにしてください。そして、jQueryを使用する上での約束ごとが1つあります。約束ごとを守ることでスムーズに学ぶことができます。

jQueryはスクリプトですので、HTMLやCSSと違い、ほんの少し間違っただけで動作しなくなります。なぜ正しく表示されないのかその原因がわからず、「訳がわからない状況になり勉強を諦める人」が多いのです。そのために、必要最低限の約束ごとを守り、次のレッスンへ進んでいくことにしましょう。

Lesson 1 　Chapter 2

jQueryライブラリの「準備」

HTMLやCSS、そしてJavaScriptを使う場合はブラウザさえあれば、事前の準備はいりませんが、jQueryはJavaScriptの「ライブラリ」ですので、ライブラリを使うための準備が必要になります。これを行わないとjQueryを使うことはできません。jQueryを使うには、2つの方法がありますが、それらをステップを追って解説していきます。

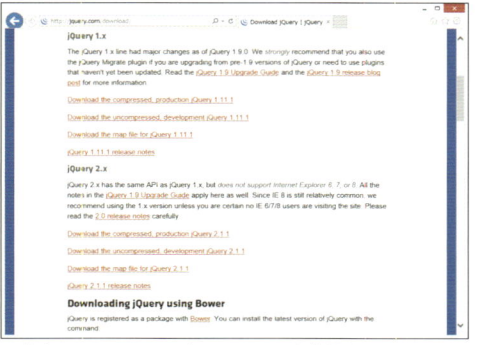

▲本書では、jQueryのバージョン2.xを使用するが、バージョン1.xでも基本的にレッスンは行える

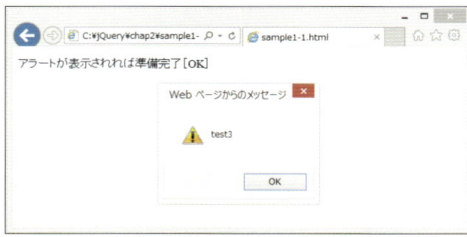

▲以降のレッスンを進める前に、jQureyが正しく動作するかを確認しておく

→ POINT

○ jQueryライブラリを使用するための2つの方法を理解する

○ 実際に確認用のHTMLファイルを実行して、正しく使用できるかを確認する

○ jQueryのバージョンについて、その違いを把握しておく

○ 本書ではjQueryの記述は、「//この中に処理を記述」のところに打ち込んでいく

jQueryライブラリを使うための2つの方法

jQueryライブラリを使用するには、

1. jQueryをダウンロードして使用する方法
2. jQueryをダウンロードせずに使用する方法（CDN）

の2つがあります。以降では、それぞれの使用方法について、順を追って解説します。
　なお、どちらの方法でもjQueryライブラリを読み込んだ後は、記述方法が変わるなどといったことはありません。どちらを選択してもよいのですが、以下のメリット・デメリットは認識しておきましょう。

▶「jQueryをダウンロードして使用する」場合

　jQueryサイトからライブラリをダウンロードし、サイト構築中のディレクトリに設置する方法です（PC上であれば、index.htmlと同じ階層にjsフォルダを作成し、その中に置くことをおすすめします）。
　この方法では、サイトごとにjQueryをダウンロードして設置するまでの作業が発生することを認識しておきましょう。

▶「jQueryをダウンロードせずに使用する(CDN)」場合

　jQueryライブラリをサイトのディレクトリに配置せずに、ブラウザ実行時にWeb上にあるjQueryライブラリファイルを読みにいく方法です。この方法の場合では、ブラウザでの確認時には常にインターネットに接続できる環境が必須となります。そのためオフラインの状態でブラウザでの確認を行うと、JavaScriptエラーが発生することになります。
　なお、CDNとは「Contents Delivery Network」の略で、jQueryのようによく使われるライブラリファイルなどを効率よく配信するための仕組みのことです。

(!) Column

jQueryのライセンスは？

jQueryのライセンスは、MIT Licenseですのでライブラリ（jQueryファイル内）の著作権表示を消さなければ、商用・非商用を問わず、誰でも自由に利用することができます。つまり、利用に当たっての制約はありません。

「jQueryをダウンロードして使用する方法」での準備

それでは、jQueryをダウンロードして使用する方法の具体的な手順を解説していきます。

1 jQueryサイトにアクセスする
以下のサイトにアクセスします。

●jQueryのWebサイト
http://jQuery.com/

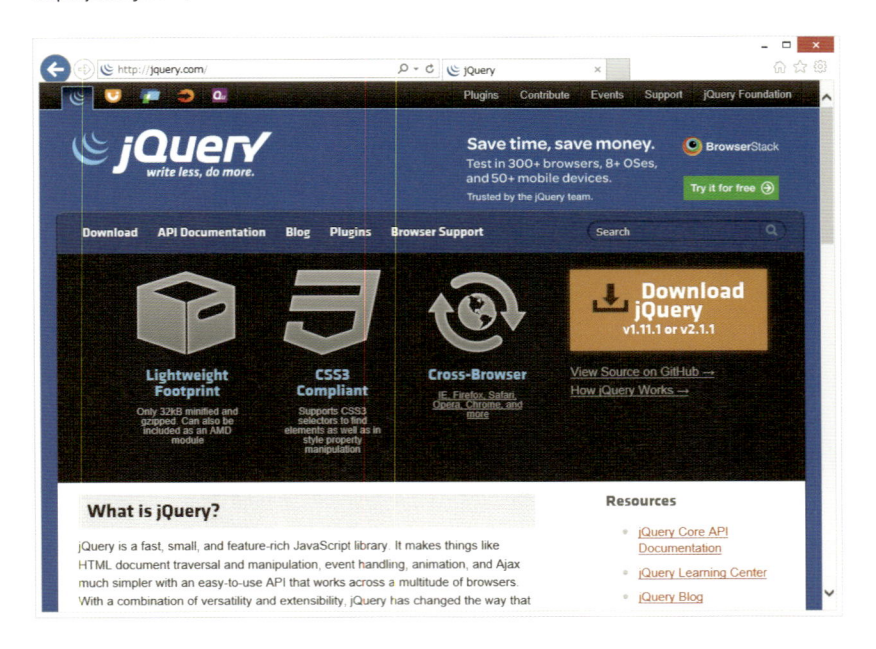

> **Column**
>
> ### 本書で使用するjQueryのバージョン
>
> 本書では、執筆時点の最新バージョンである「jQuery 2.1.1」を使っています。なお、動作確認は「jQuery 1.11.1」でも行っています。jQueryはバージョンアップされていきますので、ご利用の際には新しいバージョンがあるかもしれません。
>
> 本書で取り上げた範囲であれば、新しいバージョンを使っても基本的にはレッスンを行えるはずですが、動作に支障が出るなどの場合は、以降で紹介しているように過去のバージョンを使うこともできるようになっています。

2 「Download jQuery」ボタンをクリックする
以下の画面が表示されます。

3 ダウンロードリンクが表示される
画面を下にスクロールして、「Download the compressed,…」と記載されているURLリンクを使用します。

●jQuery 1.xバージョン
Download the compressed, production jQuery 1.11.1

●jQuery 2.xバージョン
Download the compressed, production jQuery 2.1.1

jQueryは大きく2つのバージョンがありますが、本書ではjQuery2.xのバージョンを使いますので、jQuery2.xをダウンロードしましょう。なお、「Download the compressed,…」と書いているリンクは「圧縮ファイル」です。改行、空白など必要のない部分を削除しているファイルのことで、こちらのほうが読み込みが早くなりますので、通常はこちらのファイルを使用します。

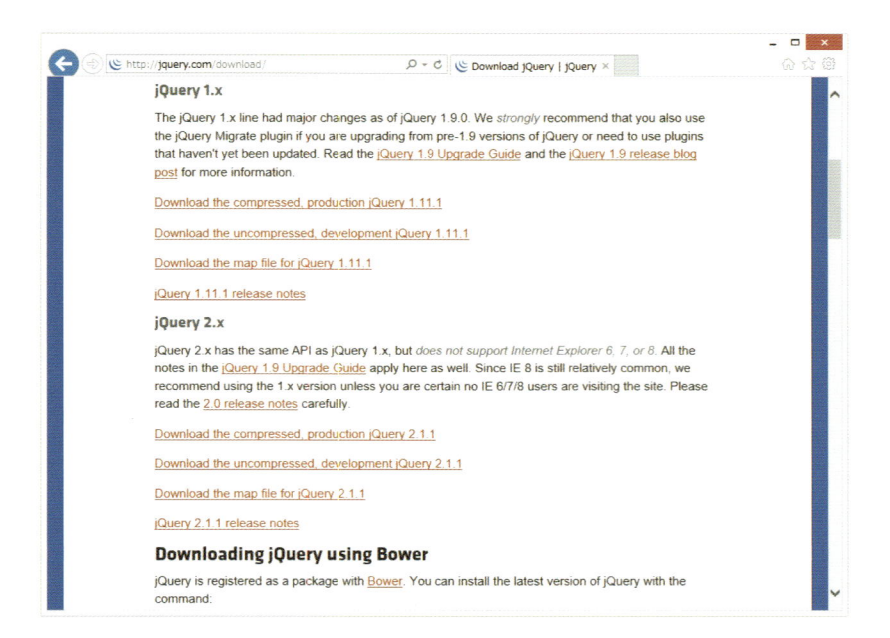

●jQueryバージョン1.x
1.x系は、IE8以前をサポートするレガシーブラウザ向けのバージョンです。

●jQueryバージョン2.x
2.x系は、IE6、7、8のサポートはしていません。サポートを打ち切ったことにより、ファイルサイズも軽くなり、安定して高速になりました。

jQueryの読み込み方法と動作確認

ダウンロードしたjQueryライブラリを読み込むには、metaタグ内のtitleタグの次に、以下の<script>タグを追加します。

jQuery ライブラリの読み込み
```
<script src="jquery-2.1.1.min.js"></script>
```

> ⓘ Column
>
> ### jQueryバージョン1.xと2.xの違い
>
> バージョン1.xとバージョン2.xの大きな違いは、本文にあるようにサポートされているブラウザのバージョンになります。用途に応じて選択してください。なお、本書ではjQuery 2.xで解説していますが、本書の解説する範囲では、jQuery 1.xでも同様に学習を進めることはできます。

jQueryを読み込むHTMLファイルと同一のフォルダ階層に置いて確認しましょう。js用フォルダがあれば、その場所にjQueryを設置し、読み込みのURLもそのアドレスに合わせます。以下のHTMLファイルを実行して、jQueryライブラリが正しく読み込まれたかどうかを確認してみましょう。

なお、自分で以下のリストを打ち込む場合は、エディタでファイルを保存する際の文字コードを「UTF-8」にする必要があります。

確認用スクリプト：sample1-1.html

```html
<!DOCTYPE html>
<html>
<head>
<meta charset="UTF-8">
<title>sample1-1.html</title>
<script src="jquery-2.1.1.min.js"></script>
<script>
$(document).ready(function(){
//この中に処理を記述　開始
    alert("test1");
    alert("test2");
    alert("test3");
//この中に処理を記述　終了
});
</script>
</head>
<body>
<p>アラートが表示されれば準備完了［OK］</p>
</body>
</html>
```

実行すると、3つのアラートが順番に表示されていますね？　正常に動作しています。これでjQueryを使用する準備ができました。

詳しくは以降の章で解説していきますが、このダイアログを表示する記述がjQueryの記述になります。簡単な動作確認用のサンプルではありますが、ここからわかることもあります。スクリプトは上から順番に実行されるということです。先に処理させたいものから上に書くといったことも知ることができました。

実行結果：sample1-1.html

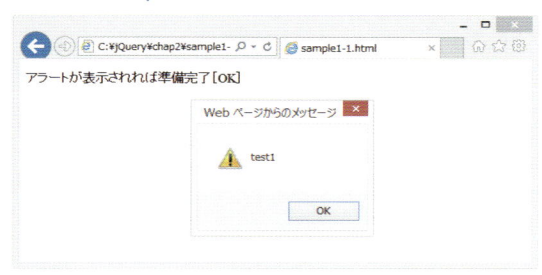

> ⚠ **memo**
>
> **スクリプトの記述場所**
>
> 本書では、jQueryを使用する際には、必ず「//この中に処理を記述」という箇所に記述していきます。
>
> ```
> //この中に処理を記述 開始
>     alert( "test1" );   //アラートが表示されます
>     alert( "test2" );   //アラートが表示されます
>     alert( "test3" );   //アラートが表示されます
> //この中に処理を記述 終了
> });
> ```

➡ 「ダウンロードせずにjQueryを利用する方法(CDN)」での準備

　次に、jQueryライブラリをダウンロードしないで利用する手順を解説していきます。jQueryのサイトからjQueryライブラリを直接読み込むことで、jQueryライブラリをダウンロードして設置することなく、簡単に利用できます。

▶ jQueryの読み込み方法と動作確認

　jQueryサイトからjQueryライブラリを読み込むには、metaタグ内のtitleタグの次に、以下の<script>タグを追加します。

jQuery ライブラリの読み込み
```
<script src="http://code.jquery.com/jquery-2.1.1.min.js"></script>
```

　なお、「jquery-2.1.1.min.js」という数字が入り交ざっているのがjQueryライブラリのファイル名ですが、この数値の部分がjQueryライブラリのバージョンになります。「jquery-2.1.1.min.js」ですので、「2.1.1」のバージョンとなります。新しいバージョンに変更する際には、このバージョン番号を変更することで新バージョンを読み込むことができます。

　jQueryの最新バージョンは、以下のサイトで確認できます。このWebページ内の「Using jQuery with a CDN」のカテゴリに、jQueryライブラリを使用するための記述例も記載されています。

●jQueryのWebサイト

http://jquery.com/download/

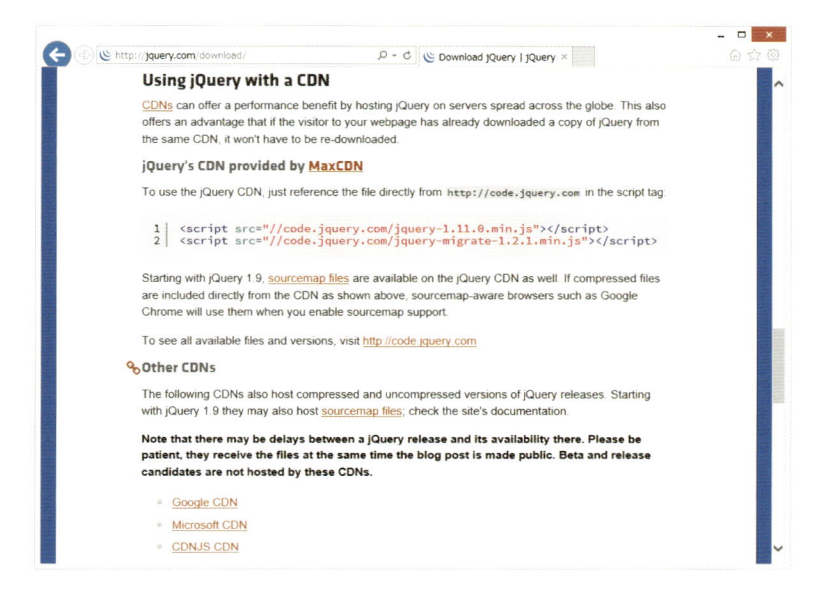

また、以下のWebページにはjQueryの今までのバージョン名が記載されています。通常はあまりありませんが、古いバージョンを使いたい場合は、このページで存在するバージョンを確認して指定することが可能です。

●jQueryの全バージョン

http://code.jquery.com/jquery/

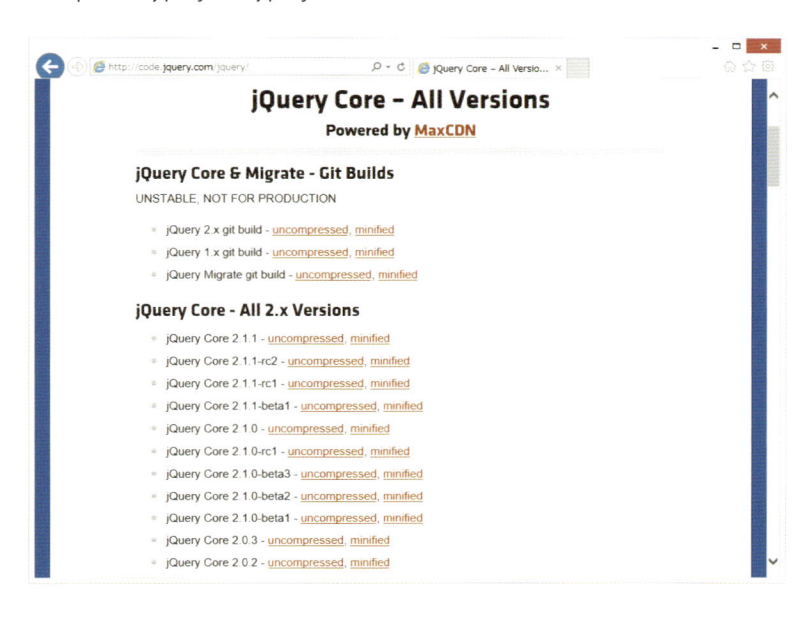

それでは、以下のHTMLファイルを実行して、jQueryライブラリが正しく読み込まれたかどうかを確認してみましょう。先の「memo」にあるように、スクリプトは、必ず「//この中に処理を記述」という箇所に記述します。

また、自分で以下のリストを打ち込む場合は、エディタでファイルを保存する際の文字コードを「UTF-8」にする点にも注意します。

確認用スクリプト：sample1-2.html

```html
<!DOCTYPE html>
<html>
<head>
<meta charset="UTF-8">
<title>sample1-2.html</title>
<script src="http://code.jquery.com/jquery-2.1.1.min.js"></script>
<script>
$(document).ready(function(){
//この中に処理を記述 開始
    alert("test1");
    alert("test2");
    alert("test3");
//この中に処理を記述 終了
});
</script>
</head>
<body>
<p>アラートが表示されれば準備完了 [OK] </p>
</body>
</html>
```

確認用スクリプトを実行してみて、先の「jQueryをダウンロードして使用する方法」の場合と同じ結果になるか確認してみてください。3つのアラートが順番に表示されていれば、正常に動作しています。これでjQueryを使用する準備ができました。

実行結果：sample1-2.html

memo

<script>タグ

jQueryのスクリプトを書く場所は、JavaScriptと同様に「<script>…</script>」タグの間に記述します。一般的には<head>タグの中に<script>タグを書きます。そしてその<script>タグ内にjQueryやJavaScriptを記述します。

```
<script>
$(document).ready(function(){  //<script>タグ内にjQueryやJavaScriptを記述する
//この中に処理を記述　開始
    alert("test1");
    alert("test2");
    alert("test3");
//この中に処理を記述　終了
});
</script>
```

→ jQuery非推奨APIの確認

jQueryのバージョンが更新されていくと、今まで使えていた関数が「非推奨」となることがあります。非推奨ということは、近い将来使用できなくなることを示しています。そのため、jQueryのバージョンをアップする際には確認したほうがよいでしょう。非推奨APIを確認するには、以下のURLを参照してください。

●jQuery API [Category: Deprecated]
http://api.jquery.com/category/deprecated/

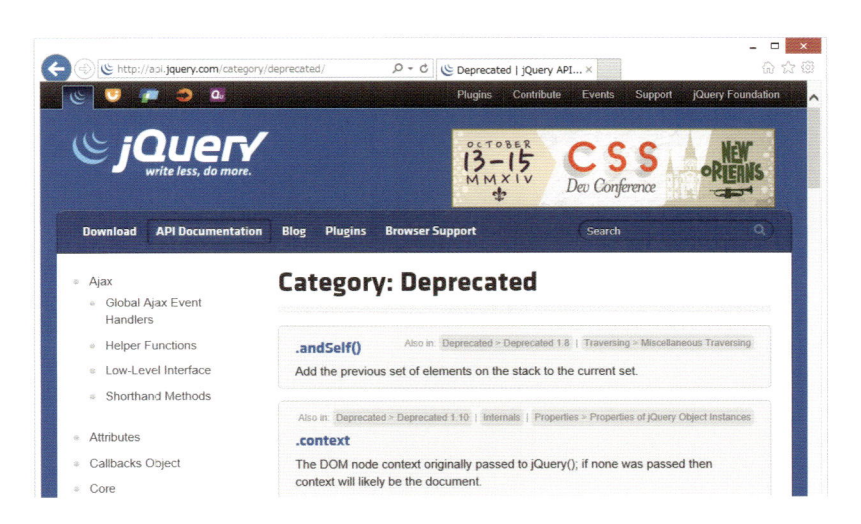

Lesson 2　Chapter 2

JavaScriptの「約束ごと」

jQueryライブラリは JavaScriptで記述されていますので、JavaScriptの基本的な知識も必要です。ただし、このレッスンは詳しく知りたい方が読んでもらえれば構いません。とりあえず使えるだけで最初は構わないという方は、以降のレッスンを先に進めてください。

▲すべてのHTMLを読み込んでから、jQueryが実行されるように定型の記述をしておく必要がある

POINT

○ブラウザは、HTMLファイルの記述を「上→下」に読み込んで順に処理している

○jQueryを正しく動作させるには、スクリプトはすべてのHTMLを読み込んでから処理される必要がある

○そのために必要なのが「$(document).ready(function()…」の記述

新たな確認用スクリプトの準備

　Lesson1で紹介した確認用スクリプト「sample1-1.html」「sample1-2.html」のコードを見て、JavaScriptの経験のある方は「$(document).ready(function()…」という記述がなぜあるのか？ どういう意味で使っているのだろうか？ と疑問に思った方もいるかもしれません。実はとても重要なので、解説しておきます。
　「sample1-2.html」のコードの一部を再度以下に示します。

確認用スクリプト：sample1-2.html
```
$(document).ready(function(){
//この中に処理を記述 開始
    alert("test1");
    alert("test2");
    alert("test3");
//この中に処理を記述 終了
});
```

　ここで、上記の「$(document).ready(function()…」を削除したリスト「sample1-3.html」を準備します。

確認用スクリプト：sample1-3.html
```
DOCTYPE html>
<html>
<head>
<meta charset="UTF-8">
<title>sample1-3.html</title>
<script src="http://code.jquery.com/jquery-2.1.1.min.js"></script>
<script>
//この中に処理を記述 開始
    alert("test1");
    alert("test2");
    alert("test3");
//この中に処理を記述 終了
</script>
</head>
<body>
<p>アラート表示された後に表示される</p>
</body>
</html>
```

それでは、「sample1-3.html」の動作を確認してみましょう。以下の順で表示されるはずです。

1. アラート「test1」が表示されます。
2. アラート「test2」が表示されます。
3. アラート「test3」が表示されます。
4. ブラウザ内に「アラート表示された後に表示される」と表示されます。

なぜこのようになるのかを、以降で解説しておきます。

実行結果：sample1-3.html

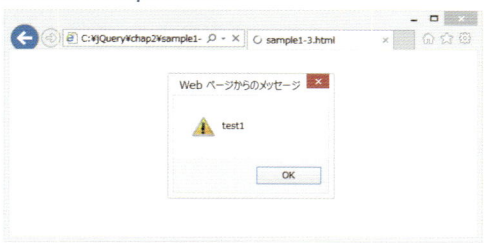

JavaScriptの読み込みの順序

「sample1-3.html」の実行結果は、ブラウザがHTMLを読み込んだ時に「上→下」に読み込んで処理していることを表しています。これはスクリプト動作としては正しいのですが、jQueryを正常に動作させるには、スクリプトはすべてのHTMLを読み込んでから処理されなくてはいけません。

以降の章で実際にjQueryのさまざまな機能を学んでいきますが、jQueryはHTMLやCSSに記述された内容を操作することが主な役割になります。その際にHTMLがすべて読み込まれていないと、エラーになってしまうのです。

そのため<head>タグの中に置かれているスクリプトの部分を最後に処理させるために必要なのが、以下の記述なのです。

HTML をすべて読み込み後に、jQuery の処理を実行する
```
$(document).ready(function(){
    //ここに処理を記述すると、HTMLの読み込み後に実行される
});
```

「$(document).ready(function()…」と「});」の間に記述することで、スクリプトは最後に処理されるようになります。そのためjQueryを利用する際には、必ず「$(document).ready(function()…」の部分が必要になるのです。

これにより、Lesson1の「sample1-1.html」「sample1-2.html」を実行したときのように、以下の実行順になります。

1. ブラウザ内に「アラート表示された後に表示される」と表示されます。
2. アラート「test1」が表示されます。
3. アラート「test2」が表示されます。
4. アラート「test3」が表示されます。

　実際に「sample1-3.html」を修正して、上記の順になるか試してみてください。以降の章のレッスンでは、すべてこの前提で、スクリプトが記載されています。

column

「$(document).ready(function(){…}」の短縮形

本書では、以下のようにAの記述方法で統一していますが、Bの記述方法でも同一です。Bのほうが記述を少し短くできるメリットがあります。

記述例：A
```
$(document).ready(function(){
(略)
});
```

記述例：B
```
$(function(){
(略)
});
```

Lesson 3　Chapter 2

jQueryスクリプトの
デバッグ

jQueryをまだ本格的に学んでいないのに、なぜデバッグなのかと思われた方も多いかもしれません。先のレッスンでも書いたように、jQueryはスクリプト言語のため普段触っているHTMLやCSSと違い、正しく表示されない（動作しない）場合の原因がたいへんわかりにくいのです。

たとえば、ほんのちょっとした記述ミスで、画面が真っ白になってしまいパニックを起こしてしまった経験がある方もいるのではないでしょうか。このような訳のわからない状況に陥ってしまい、スクリプトをいやになってしまう方がたくさんいます。

そこでうまく動かない際に、どのように確認をすればよいかをこのレッスンでは紹介していきます。最初は、どのようなものなのかをざっと読んでもらえれば構いません。実際に以降のレッスンでつまずいた際に、ここに戻って具体的な操作方法などを確認してみてください。

▲スクリプトのデバッグはブラウザで行える。この画面はInternet Explorerの「F12 開発者ツール」の例

➡ POINT

○ブラウザのデバッグツールは、jQueryやJavaScriptのデバッグだけでなく、HTMLやCSSだけを使う際にも役立つ

○基本的な使い方は難しくないので、よく使う便利な機能だけを習得しよう

○Internet Explorerの「F12 開発者ツール」の基礎と簡単な操作法を学ぶ

○Chromeブラウザの「Chrome Developer Tools」の基礎と簡単な操作法を学ぶ

これから絶対必要なスキル！デバッグツールとは？

　HTMLやCSSの微調整をする場合に、エディタで保存してブラウザのリロード（ページ更新）を繰り返して作業するのは非常に面倒な作業です。同様に、jQueryやJavaScriptのエラーを確認するのも慣れないうちはたいへんです。

　最近のブラウザには、デバッグツールと呼ばれる機能が搭載されており、WebページのHTML構造やCSSスタイルを表示・編集し、インタラクティブに確認する機能があります。ブラウザさえあれば、特別なデバッグ用のソフトは基本的に必要ありません。また、jQueryやJavaScriptの動作を確認する上でも、ブラウザのデバッグツールはたいへん役に立ちます。

　デバッグなどと聞くと尻込みしてしまう方もいるかもしれませんが、最近ではこのような

　　デバッグツールを活用するスキルはWebデザイナーでも必須

となってきており、これまで使ったことがない方でも、少しずつでも使えるようになったほうがよいでしょう。

　以降では、Internet ExplorerとChromeブラウザを使ったデバッグツールの簡単な使い方を紹介していきます。まずは、ちょっと試してみるつもりで気軽にやってみてください。本書のサンプルコードを確認する場合も、以降の方法を使うことができます。

　なお、このレッスンでは、はじめてデバッグツールを使う方向けに本書で必要な機能のみを紹介しています。ほかにもたくさんの便利な機能がありますので、もっと詳しくデバッグツールを学びたい場合には、これらを紹介しているWebサイトなどを参照してください。

⚠ Column

少しでも変更したら都度、ブラウザで確認

このレッスンで紹介するデバッグの知識も重要ですが、これからいろいろなスクリプトを書いていくにあって、以下の変更と確認のタイミングもたいへん重要です。
実際にサンプルを作ったり、ほかのサンプルを変更して試してみる際に、気をつけるポイントは、少し変更したらすぐにブラウザで確認しておくことです。これはとても大事です。変更をたくさん加えてからブラウザで確認すると、エラーで動作しない場合、どの記述でエラーが発生したのかわからなくなります。少しの変更で確認していけば、その都度エラーを直しながら進められるため、最終的に完成への早道になります。
ちょっと変更しては確認というのは面倒なので、熟練のスクリプターやプログラマーでもこれはやってしまいがちです。定型の処理などで慣れている場合は、修正も早いため一気にコードを書き上げるケースもありますが、初心者、特に最初のレベルであれば、必ず少し書いたり、修正したらその都度ブラウザで動作を確認することが重要です。

→ デバッグツール用のサンプルファイル

最初に以降のデバッグツールの使い方で利用するデバッグツール用のサンプルコードを示します。これらをブラウザに読み込んで、操作を行っていきます。なお、以降ではInternet ExplorerとChromeブラウザは別々に解説します。

デバッグ用のサンプルファイル：sample01.html

```html
<!DOCTYPE html>
<html>
<head>
<meta charset="UTF-8">
<title>sample01.html</title>
<script src="http://code.jquery.com/jquery-2.1.1.min.js"></script>
<style>
#setumei1{
    color:red;
}
#setumei2{
    color:blue;
}
</style>
</head>
<body>
<div id="setumei1">吾輩（わがはい）は猫である。</div>
<div id="setumei2">名前はまだ無い。</div>
</body>
</html>
```

→ Internet Explorerを利用したデバッグ方法

Internet Explorerには、「F12開発者ツール」というデバッグツールが搭載されています。「F12開発者ツール」は、以下の複数の方法で起動することができます。

- [F12] キーで起動
- ブラウザ画面内で右クリックして、「要素の検査」を選択
- ツールボタンをクリックして、「F12開発者ツール」を選択

▶「DOM Explorer」ツールの使い方

「F12開発者ツール」を起動すると、以下のように画面下部にHTML、CSSのコードが表示されます。なお、画面下部の左側にいくつかのメニューボタンが表示されていますが、最初は一番上の「DOM Explorer」ツールが選択されて表示されます。

もし「DOM Explorer」ツールが表示されていない場合は、左側のアイコンの列から一番上のアイコンを

クリックして表示させてください。

「DOM Explorer」ツールの画面

　「DOM Explorer」ツールでは、画面上に表示されているWebページのHTML構造とCSSスタイルのコード（右側のペイン）が表示されます。また、表示しているWebページ全体ではなく、指定した部分の要素とCSSスタイルを確認することもできます。

　そして直接HTML/CSSのコードを編集できるので、たとえば一部のCSSの記述を「DOM Explorer」ツール上で編集すると、ブラウザの表示も変更されます。HTML/CSSともにすぐに表示変更されるため、リロードの手間がなく修正作業にも向いています。

　それでは、「DOM Explorer」ツールを実際に操作してみましょう。

1 DOM Explorerの画面で「変更・調整」したい要素を選択する

以下の画面にあるように、「<div id=setumei1>」の行を選択します（選択すると背景が水色に表示されます）。その際、画面上部に表示されているWebページの「吾輩（わがはい）は猫である。」の箇所も背景が水色になることを確認してください。

DOM Explorerでの要素の選択

2 選択した要素の文字列を変更する

以下の画面にあるように、「吾輩（わがはい）は猫である。」を右クリックで「HTMLとして編集」を選択します。
右クリックで選択した箇所が編集可能になります。

選択した要素の編集

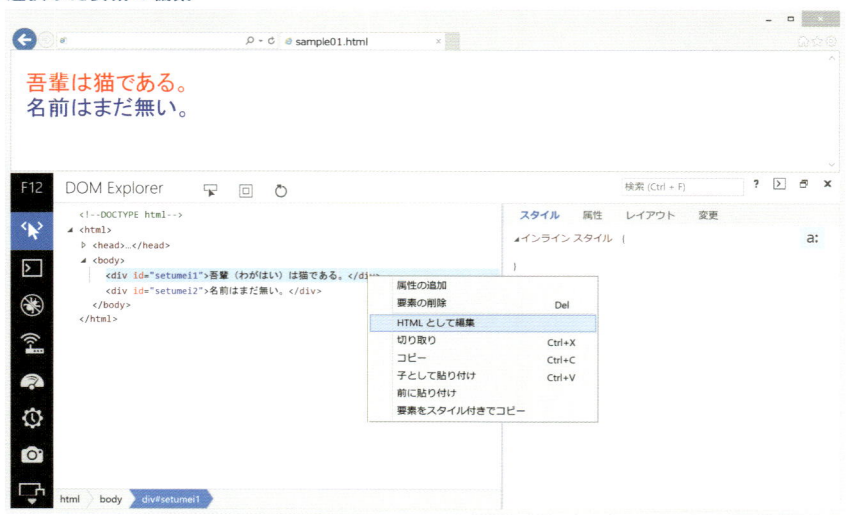

「吾輩（わがはい）は猫である。」を「吾輩は猫である。」と文字列を変更します。画面上部に表示されているWebページも合わせて文字列が変わったことを確認しておきましょう。このようにブラウザ上でHTMLを変更して確認することが可能です。

選択した要素の編集

[3] **選択した要素のCSSを変更する**
「名前はまだ無い。」の文字を青色から赤に変更します。「名前はまだ無い。」をクリックで選択し「DOM Explorer」ツールの右側の「スタイル」にCSSスタイルが表示されることを確認してください。

DOM Explorer での要素の選択

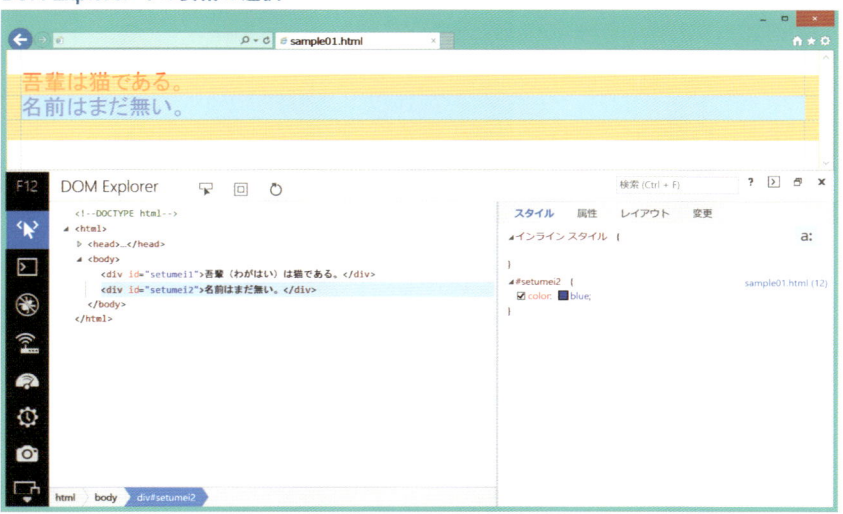

「#setumei2」要素のスタイルは「color:blue;」となっています。この「blue」の箇所をクリックして選択すると変更可能状態になります。

CSS スタイルの選択

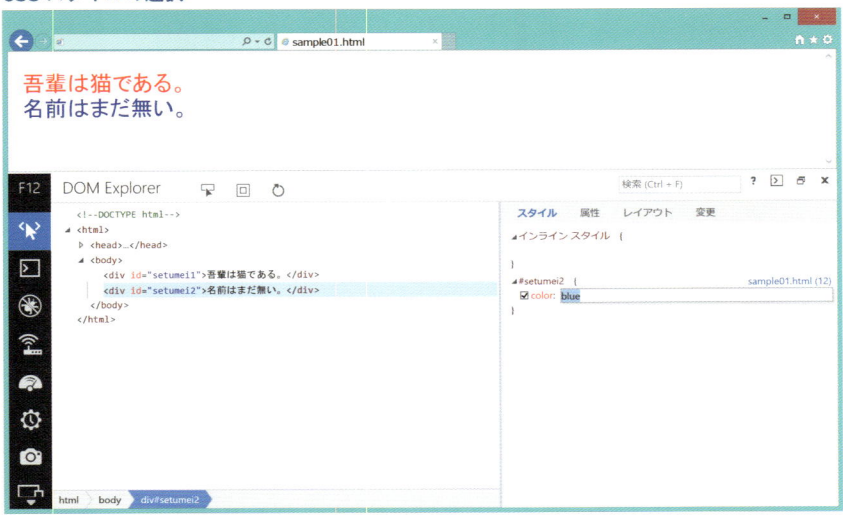

「blue」を「red」「#f00」などに変更すると、赤文字に変更されます。画面上部に表示されているWebページも合わせて文字列の色が変わったことを確認しておきましょう。このようにブラウザ上でCSSを変更して確認することが可能です。

CSS スタイルの変更

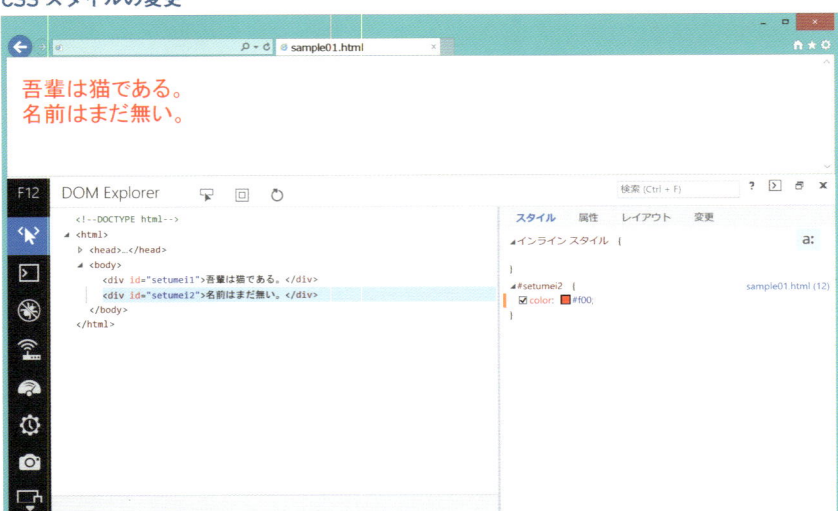

「DOM Explorer」を使うと、ブラウザで表示確認した際に「HTML構造」「文章」「CSSスタイル」ともに編集が可能となり、表示しながら微調整と確認ができるためWebデザイナーにとっても便利なツールとなっています。

以降の章で、具体的にjQueryのさまざまな機能を学んで行きますが、jQueryはHTMLやCSSに記述された内容を操作することが主な役割になります。jQueryの記述によって、HTMLやCSSがどのように変わったかを確認する際には、このDOM Explorerや、以降のChromeブラウザの「Elements」パネルを利用しましょう。

▶「コンソール ツール」パネルの使い方

「F12 開発者ツール」には、もう1つ便利なツールとして「コンソール ツール」パネルがあります。この画面は、jQueryやJavaScriptでのスクリプトエラーを発見するのに役立ちます。スクリプトによっては実行してもブラウザ上にエラーが表示されないケースもあります。WebページにjQueryやJavaScriptの記述エラーが出ていないかを確認するのに必須のツールと言えます。

「コンソール ツール」パネル

本書でjQueryを学ぶ上で、この「コンソール ツール」パネルも覚えておくとよいでしょう。

jQueryやJavaScriptにエラーがある場合には、赤いアイコンで「×」、そして赤い文字で表示されます。jQueryやJavaScriptがうまく動作しない場合に分かりにくいエラーもたくさんあります。「コンソール ツール」に赤い文字列（エラー内容）が表示されていれば、何かしら問題が起きているということが確認できるので、スクリプト関連の記述間違えなどを調べるのに重宝します。

スクリプトエラーを早く修正するには、まずは原因を見つける必要があり、その原因を見つけるのに活躍してくれるツールです。レッスンを進める上で、うまくいかなくなった際には使ってみてください。

なお、具体的な使用方法は、次のChromeブラウザのところで説明します。内容的にはほぼいっしょですので、そちらの解説を見てください。

Google Chromeブラウザを利用したデバッグ方法

　Google Chromeブラウザには「Chrome Developer Tools」(ディベロッパーツール)というデバッグツールが搭載されています。「Chrome Developer Tools」は、以下の複数の方法で起動することができます。

- ショートカットキー (Windows：[Ctrl] + [Shift] + [C]、Mac：[Cmd] + [Shift] + [C])
- ブラウザ画面内で右クリックして、「要素を検証」を選択
- ツールボタンをクリックして、[ツール] → [デベロッパーツール] を選択

▶「Elements」パネルの使い方

　「Chrome Developer Tools」が起動すると、以下のように画面下部にHTMLとCSSのコードが表示されます。

「Chrome Developer Tools」ツールの画面

　「Elements」パネルは、IEの「F12 開発者ツール」と同様の機能を持っています。起動すると、画面上に表示されているWebページのHTML構造とCSSスタイルのコード(右側のペイン)が表示されます。また、表示しているWebページ全体ではなく、指定した部分の要素とCSSスタイルも確認することもできます。
　そして直接HTML/CSSのコードを編集できるので、たとえば一部のCSSの記述を「Elements」パネル上で編集すると、ブラウザ上の表示も変更されます。HTML/CSSともにすぐに表示変更されるため、リロードの手間がなく修正作業にも向いています。
　それでは、「Elements」パネルを実際に操作してみましょう。

1 「Elements」パネルの画面で「変更・調整」したい要素を選択する

以下の画面にあるように、「<div id=setumei1>」の行を選択します（選択すると背景が水色に表示されます）。その際、画面上部に表示されているWebページの「吾輩（わがはい）は猫である。」の箇所も背景が水色になることを確認してください。

Elements パネルでの要素の選択

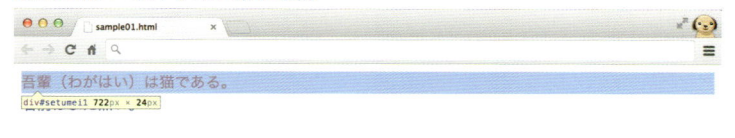

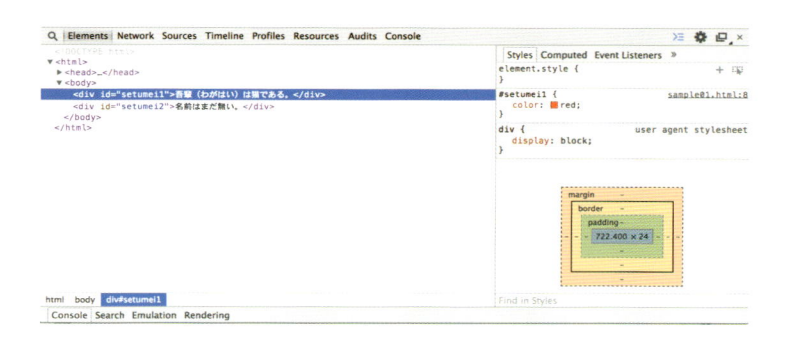

2 選択した要素の文字列を変更する

以下の画面にあるように、「吾輩（わがはい）は猫である。」をダブルクリックして編集可能状態にします。

選択した要素の編集

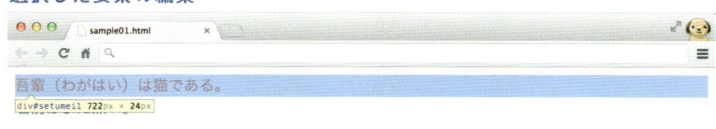

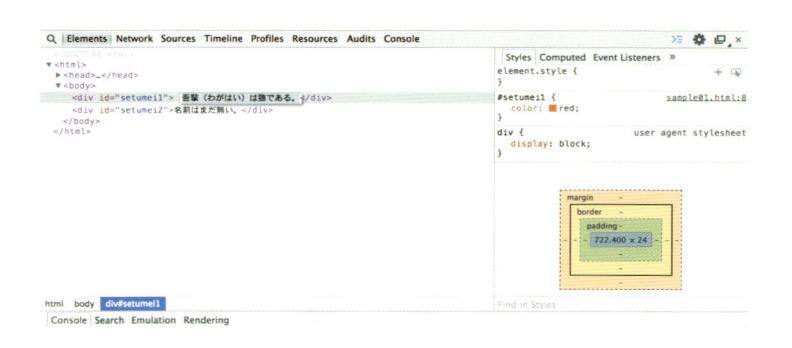

「吾輩（わがはい）は猫である。」を「吾輩は猫である。」と文字列を変更します。画面上部に表示されているWebページも合わせて文字列が変わったことを確認しておきましょう。このようにブラウザ上でHTMLを変更して確認することが可能です。

選択した要素の編集

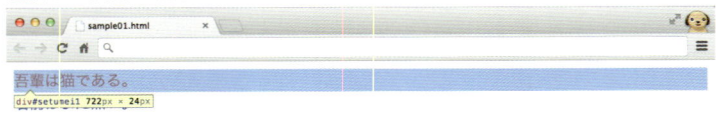

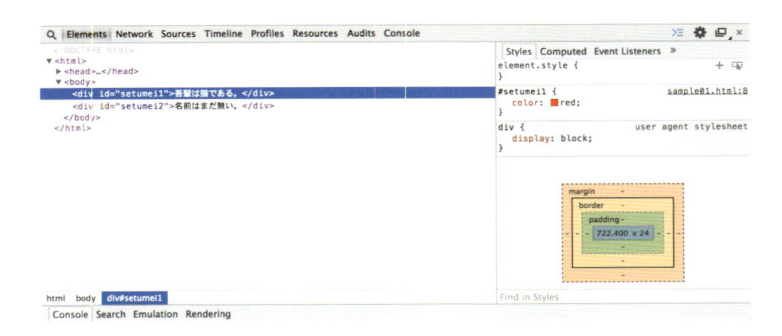

3 選択した要素のCSSを変更する

「名前はまだ無い。」の文字を青色から赤に変更します。「名前はまだ無い。」をクリックで選択し「Elements」パネルの右側「Style」にCSSスタイルが表示されることを確認してください。

Elementsパネルでの要素の選択

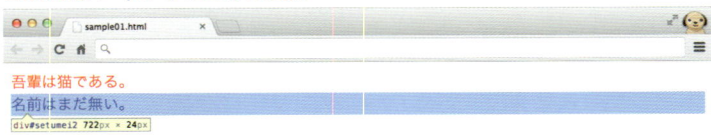

「#setumei2」要素のスタイルは「color:blue;」となっています。この「blue」の箇所をクリックして選択すると、変更可能状態になります。

「blue」を「red」「#f00」などに変更すると、赤文字に変更されます。画面上部に表示されているWebページも合わせて文字列の色が変わったことを確認しておきましょう。このようにブラウザ上でCSSを変更して確認することが可能です。

CSS スタイルの変更

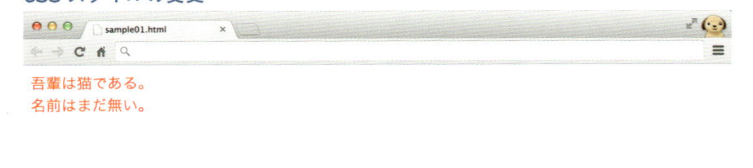

「Elements」パネルを使うと、ブラウザで表示確認した際に「HTML構造」「文章」「CSSスタイル」ともに編集が可能となり、表示しながら微調整と確認ができるためWebデザイナーにとっても便利なツールとなっています。

先ほど紹介したIEやChromeブラウザだけでなく、FireFoxなど最近のモダンブラウザには同様の機能が搭載されているので、ぜひご活用ください。

▶「Console」パネルの使い方

Chromeブラウザの「Console」パネルは、先のIEのところでも紹介した「コンソール ツール」パネルと同じく、主にjQueryやJavaScriptエラーやデバッグ時のメッセージ表示に使用します。WebページにjQueryやJavaScriptの記述エラーが出ていないかを確認するのに必須のツールと言えます。

具体的な使い方を以降で解説していきますが、デバッグの説明用のサンプルとして、新たに以下の「sample02.html」を用意しました。

デバッグ用のサンプルファイル：sample02.html

```html
<!DOCTYPE html>
<html>
<head>
<meta charset="UTF-8">
<title>sample02.html</title>
<script src="http://code.jquery.com/jquery-2.1.1.min.js"></script>
<script>
alert("エラーテスト"):
</script>
</head>
<body>
<div id="setumei1">吾輩（わがはい）は猫である。</div>
<div id="setumei2">名前はまだ無い。</div>
</body>
</html>
```

上記のファイルを読み込んで、以下の操作でデバッグを行います。

1 「Chrome Developer Tools」のメニューから、「Console」パネルを選択する

「sample02.html」はエラーが含まれているので、JavaScriptのエラーが赤い文字で表示されます。スクリプトに何かしら問題があり、実行できていないことを表します。画面上部のブラウザ画面にはエラーが表示されないので、ブラウザ画面だけ見てもエラーがあったかどうかわかりません。

エラー内容（赤い文字列）では「…token :」と記載されており、「:」（コロン）が間違っていることがわかります。

Console パネルでエラーの確認

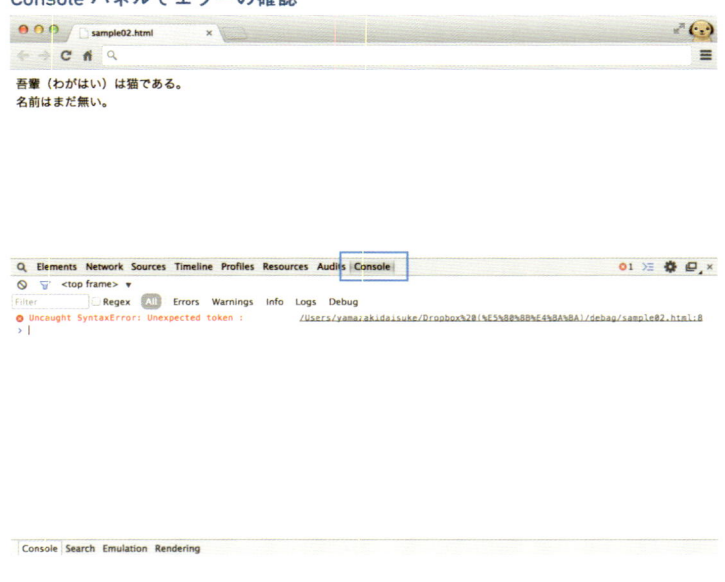

2 エラーが起きた行の内容を確認する

エラー内容（赤い文字列）には、右側にグレーで「ファイル名」と「数字」（何行目）が記載されているのでその箇所を確認します（今回の場合は、「8」と表示されているので8行目を確認します）。
ソースファイルを確認するために、「Elements」パネルを選択して切り替えます。

Elements パネルでエラーの箇所を確認

3 エラーを修正する

8行目近辺には、以下のコードが記述されています。

```
<script>
alert("エラーテスト"):
</script>
```

「alert("エラーテスト"):」の最後の「:」（コロン）が間違っており、エラーになっていることがわかります。sample02.htmlをエディタで開き、正しい記述の「;」（セミコロン）に修正してください。再度実行して、以下のようにダイアログボックスが表示され、「Console」パネルにエラーが出なければデバッグは完了です。

エラーを修正して、再度確認する

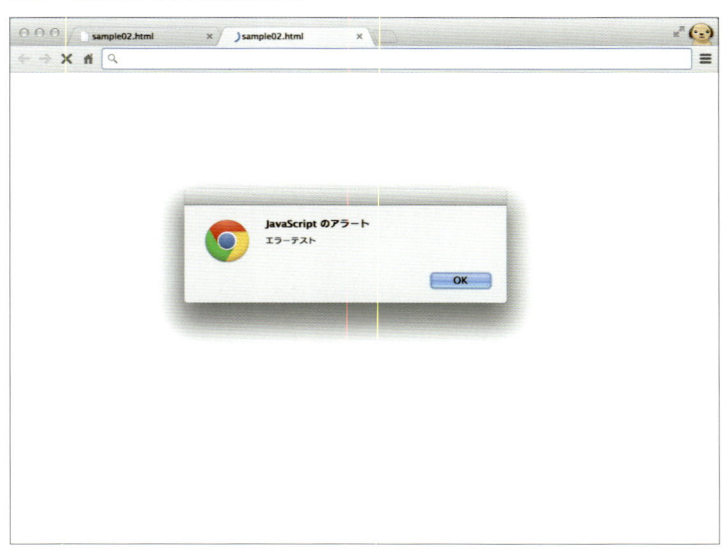

　本書でjQueryを学ぶ上で、この「Console」パネルも覚えておくとよいでしょう。jQueryやJavaScriptでのスクリプトエラーを発見するのに役立ちます。jQueryやJavaScriptがうまく動作しない場合に分かりにくいエラーもたくさんあります。
　「Console」パネルに赤い文字列（エラー内容）が表示されていれば、何かしら問題が起きているということが確認できるので、スクリプト関連の記述間違えなどを調べるのに重宝します。
　スクリプトエラーを早く修正するには、まずは原因を見つける必要があり、その原因を見つけるのに活躍してくれるツールです。レッスンを進める上で、うまくいかなくなった際には使ってみてください。

jQuery　LESSON BOOK

基礎編

Chapter 3

jQueryの基礎知識

準備編では、そもそもjQueryとは何なのか、何ができるのかについて紹介しました。また、jQueryライブラリを実際に使うための準備と正しくインストールされたかどうかの確認も行いました。ここからの基礎編では、具体的にjQueryを覚えるためのレッスンを行って、少しずつ慣れていくことにしましょう。

Lesson 1 — Chapter 3

jQueryの実習に入る前に知っておくべきこと

jQueryを使う上で必ず覚える「1つの文法」があります。逆に言えば1つの文法さえ覚えればいいということでもあります。そのたった「1つの文法」には「3つのポイント」があり、その3つの意味を理解することでjQueryを意図して使うことが可能になります。

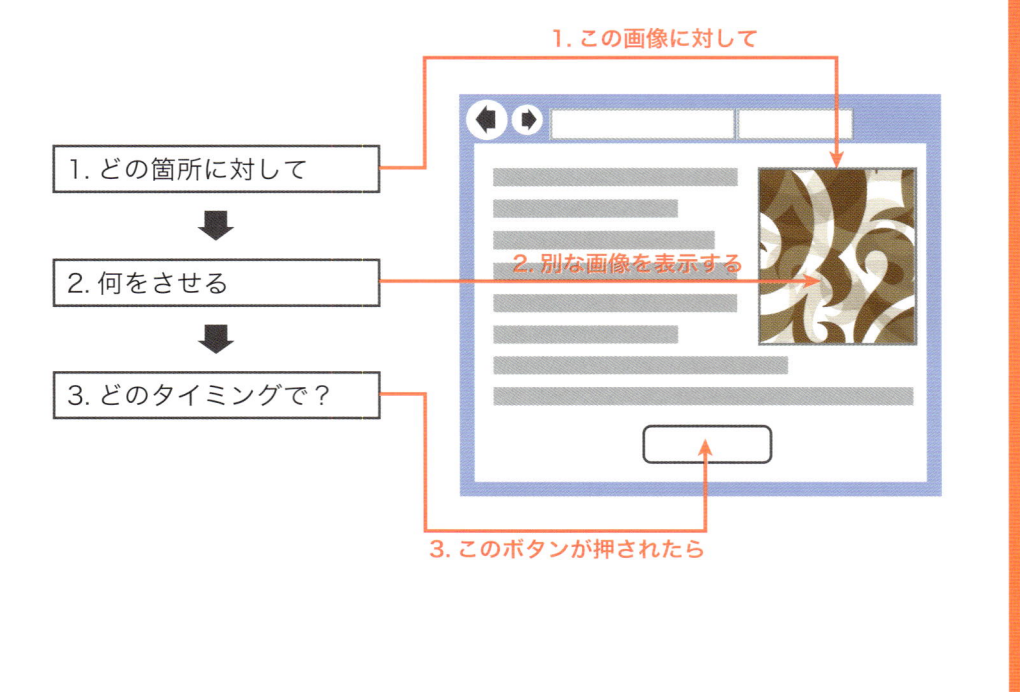

1. どの箇所に対して
2. 何をさせる
3. どのタイミングで？

1. この画像に対して
2. 別な画像を表示する
3. このボタンが押されたら

⊖ POINT

○ jQueryの文法はたった1つ、「どの箇所に対して→何をさせる→どのタイミングで？」だけ

○ 最低限、使うものだけ覚えれば、使えるようになる

○ スクリプトは難しくない！まずは、jQueryに慣れることが重要

jQueryを使うための流れを理解する

人間同士がコミュニケーションを取る際に正しく相手に情報を伝えるためには「5W1H」が大切であるということを聞いたことはないでしょうか。5W1Hとは「いつ（When）、どこで（Where）、だれが（Who）、何を（What）、なぜ（Why）、どのように（How）」の略語です。これを意識することで、相手に正しい情報をわかりやすく伝えることができます。

jQueryを使う際も、これと同じようにjQueryに対して以下の3つのポイントを押さえることで、jQueryを意図したように動かせるようになるのです。その3つとは、

「1. どの箇所に対して」
　　　↓
「2. 何をさせる」
　　　↓
「3. どのタイミングで？」

という3つの流れです。もちろん、それぞれに対しての記述方法はたくさんあるのですが、使うものは限定されていますので、覚えるものを絞って使い方をマスターすれば大丈夫です。

たくさんあるポイントの種類を覚えても必ず忘れます。では、どうすればいいでしょうか？　簡単です。

「3つだけ徹底的に覚えます！」

覚えた以外の種類が必要になったら、本やWebサイトでリファレンスを見れば使えます。まずは「覚えるものを絞って使用方法をマスター」することが大事なのです。種類の暗記は必要ありません。準備編でも書きましたが、

「最低限、使うものだけ覚える！」

です。また、この章では「慣れる」が習得の肝です！　2つのキーワードでjQueryを攻略しましょう。

1.「最低限使うものだけ覚える！」
2.「慣れる」

jQueryを記述する肝の部分が、ここからの基礎編になりますので、何度も読んで、サンプルファイルを使って繰り返し訓練してください。サンプルは2回目からは手を加えて（文字を変更するだけでもいいです）実践してみてください。

とにかくスクリプトに慣れていない場合には、「慣れ」が必要です。頭だけではなく、実際にサンプルを打ち込んでしっかり訓練してください。

Lesson 2 — Chapter 3

jQueryの文法の3つのポイント

Lesson1ではjQueryを覚える前の考え方を説明しました。このレッスンから、3つのポイントを具体的に紹介していきます。Lesson1でも書きましたが、ここはjQueryをマスターするための肝の部分なので、しっかり理解してください。

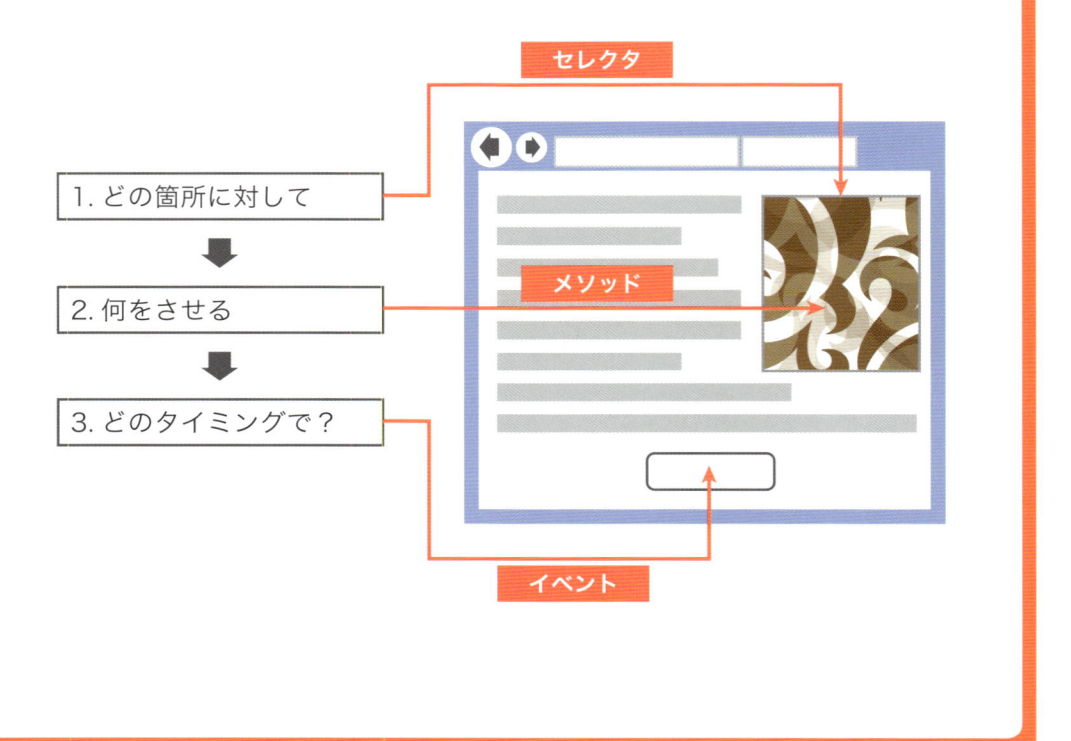

- 1. どの箇所に対して → セレクタ
- 2. 何をさせる → メソッド
- 3. どのタイミングで？ → イベント

➔ POINT

○ jQueryで使う用語をきちんと理解しよう

○「どの箇所に対して」=「セレクタ」

○「何をさせる」=「メソッド」

○「どのタイミングで？」=「イベント」

○ jQueryの記述方法とコメントの入れ方を覚えよう

jQueryで覚えておきたい3つの用語

Lesson1で3つのポイントを解説しましたが、それらに対応したjQureyで使われる3つの用語をしっかり理解しておきましょう。

「1. どの箇所に対して」＝「セレクタ」
↓
「2. 何をさせる」＝「メソッド」
↓
「3. どのタイミングで？」＝「イベント」

詳しくは以降のレッスンで学んでいきますが、「どの箇所に対して」、「何をさせる」、「どのタイミングで」という流れと、それに対応する「セレクタ」「メソッド」「イベント」という用語をまずは覚えておきましょう。

「どの箇所に対して」＝「セレクタ」

jQueryを使う上で、まず最初に意識しないといけないのは、「どこの箇所に対して」ということです。これをjQuery（JavaScript）では「セレクタ」と呼んでいます。CSSのセレクタと同様の指定が可能なので、Webデザインをされている方であれば、なじみやすいでしょう。

これがjQueryの最大のよさの1つです。セレクタは「どの箇所に対して」という意味なので、たとえば「div要素すべてに対して」、「特定のdiv要素に対して」「p要素すべてに対して」「特定のclass名に対して」など、「どの箇所に対して」は「HTML／CSSの要素やプロパティ名」などを指定することができます。

CSSと同様と解説しましたが、実際に「id="test"」というid属性を指定する場合には「#id」と書きます。クラスであれば「class="test"」は「.test」とCSS同様に指定が可能です。

「何をさせる」＝「メソッド」

セレクタで「どの箇所に対して」を指定したら、次はその対象に対して「何をさせる」かを記述します。これをjQuery（JavaScript）では「メソッド」と呼んでいます。

先ほどのセレクタの例を踏まえて説明すると、「div要素すべてに対して」→「非表示にする」、「特定のdiv要素に対して」→「フェードアウトさせる」、「p要素すべてに対して」→「フォントサイズを120％にする」、「特定のclass名に対して」→「背景色を白にする」などとなります。

つまり、セレクタで「どこの箇所に対して」という対象物を指定して、「何をする」という動作を記述するのが「メソッド」となります。

「何をする」でどのようなことができるかというと、CSSと同様の操作はもちろん可能ですが、CSSではできないHTML要素（タグ）や文字列の追加・削除・変更なども可能です。つまり、CSSのように装飾部分だけでなく、HTMLの構造の部分にも変化を与えることができるのです。これが、jQueryで動的なページを作れる理由になります。

「どのタイミングで？」=「イベント」

「どの箇所に対して」→「何をする」を記述できれば、こと足りるのではと思われる方もいるかもしれませんが、そうではありません。たとえば「クリック」したときや「マウスオーバー」したときに「何をさせる」を実行したいといったことがあるでしょう。これを指定するのが「どのタイミングで？」なのですが、これを「イベント」と呼びます。

マウス操作だけでなく、ユーザーの入力操作に変更があったときなど、さまざまなイベントがあり、それによって「どの箇所に対して」→「何をする」をいつ実行するのかを指定できるのです。つまりは、jQueryの処理を開始する合図をイベントで行うということです。

以降のレッスンでは、jQueryを理解する上でもっとも重要な3つのポイントである「セレクタ」「メソッド」「イベント」を1つずつ取り上げていきます。各レッスンでjQueryの基本をしっかり学んでいきましょう。

jQueryの記述とコメント

準備編でもjQueryライブラリが正しく使えるかどうかを確認するために、サンプルプログラムを紹介しましたが、ここでも本格的なレッスンに入る前のウォーミングアップと復習もかねて、サンプルプログラムを紹介します。

jQueryやJavaScriptは、必ずスクリプトタグで囲んだ中に記述する必要があります。ブラウザは「<script>…</script>」で囲んだ中だけをJavaScriptとして認識して処理するためです。

<script>タグの中に記述
```
<script>
    ここに「jQuery」や「JavaScript」記述します。
</script>
```

もっとも簡単なjQueryのプログラムを以下に示します。「alert("文字列");」は、画面上にダイアログ（アラート）を表示する関数です。<script>タグの中に記述することで、jQuery（JavaScript）のコードとして処理されます。実行して、アラートダイアログが表示されるか試してみましょう。

なお、ここでは準備編のサンプルプログラムで紹介した「$(document).ready(function(){ … });」は、jQueryの記述とコメントの入れ方を解説するサンプルなので、あえて入れていません。

サンプルファイル：sample_alert.html

```html
<!DOCTYPE html>
<html>
<head>
<meta charset="UTF-8">
<title>sample_alert.html</title>
<script>
    alert("ここに「jQuery」や「JavaScript」記述します。");
</script>
</head>
<body>
<p>スクリプトタグとアラート</p>
</body>
</html>
```

実行結果：sample_alert.html

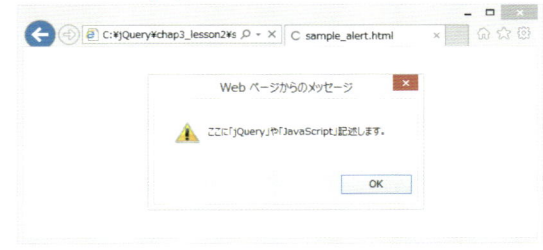

もう1つjQueryの記述として確認しておきたい点があります。それは

```
alert("アラート表示");
```

にあるように、行末が「;」（セミコロン）で終わることです。これがないとエラーになり、実行できません。
また、以降のレッスンで出てきますが、

```
$("セレクタ").css("color","#f00");
```

のように「セレクタ」と「メソッド」の間は、「.」（ドット）で繋ぎます。
　jQuery（JavaScript）では、この「;」（セミコロン）と「.」（ドット）はたいへん重要なので、覚えておきましょう。

▶ コメント（1行）

以降のレッスンを進める上で、覚えておいて欲しいのが「コメント」の入れ方です。HTMLやCSSでもそうですが、特にスクリプトの場合はあとで何をやっているのかわからなくなってしまうことも多々あるので、コメントはできるだけ多く入れておいたほうがよいでしょう。

HTMLでは「`<!-- HTMLのコメント -->`」、CSSでは「`/* CSSのコメント */`」がコメントですが、jQuery（JavaScript）の場合は、以下のように「`//`」（スラッシュを2つ続ける）でコメント（1行）を記述します。

1行コメントの記述例

```
<script>
// 1行コメント
// alert("ここに「jQuery」や「JavaScript」記述します。");
</script>
```

以下のプログラムでは、「alert("文字列");」をコメントアウトしているので、実行してもアラートダイアログは表示されません。

サンプルファイル：sample_comment1.html

```html
<!DOCTYPE html>
<html>
<head>
<meta charset="UTF-8">
<title>sample_comment1.html</title>
<script>
    // 1行コメント
    // alert("ここに「jQuery」や「JavaScript」記述します。");
</script>
</head>
<body>
<p>1行コメントの記述</p>
</body>
</html>
```

実行結果：sample_comment1.html

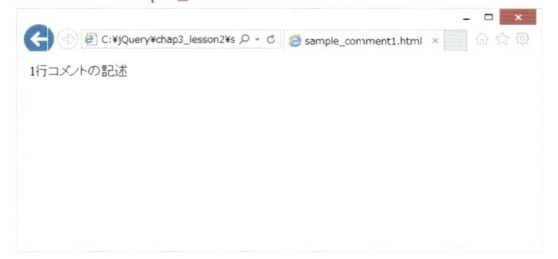

1行コメントの記述

今度は、「alert("文字列");」の行頭の「`//`」を削除してブラウザで確認してみてください。動作の違いがわかります。

▶ コメント（複数行）

複数行に渡って、コメントを付けたい場合もあるでしょう。複数行のコメントは、CSSのコメントと同じく「/* … */」を使います。「/*」がコメントの開始タグ、「*/」がコメントの終了タグになります。

複数行行コメントの記述例

```
<script>
/*
複数行コメント
alert("ここに「jQuery」や「JavaScript」記述します。");
*/
</script>
```

サンプルファイル：sample_comment2.html

```
<!DOCTYPE html>
<html>
<head>
<meta charset="UTF-8">
<title>sample_comment2.html</title>
<script>
/*
    alert("1. ここに「jQuery」や「JavaScript」記述します。");
    alert("2. ここに「jQuery」や「JavaScript」記述します。");
    alert("3. ここに「jQuery」や「JavaScript」記述します。");
*/
</script>
</head>
<body>
<p>複数行コメントの記述</p>
</body>
</html>
```

上記のサンプルを実行しても、「alert("文字列");」がコメントアウトされているのでアラートダイアログは表示されませんが、「/*」と「*/」を削除すると、以下のようにダイアログが表示されます（コメントを削除したサンプルファイルは「sample_comment3.html」）。

実行結果：sample_comment3.html

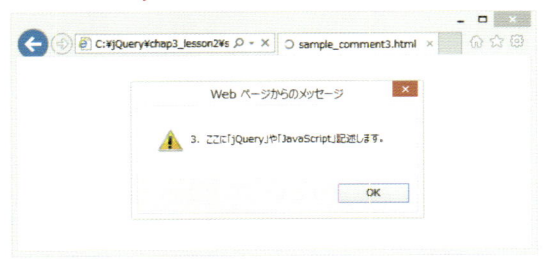

① Column

jQueryのファイルサイズ

jQueryライブラリのファイルサイズですが、バージョン1.xのときには270KBを超えることもありましたが、現在のjQueryバージョン2.xでは「90KB」を切るファイルサイズになっています。以前はスマートフォンには大きすぎるファイルとなっていましたが、無駄なコードを削ぎ落としたことでスマートデバイスのサイトにも利用しやすくなりました。

スマートデバイスのサイトに適したzepto.jsライブラリもあります。ファイルサイズ30KBを切っているので、jQueryライブラリの「3分の1」のサイズです。ファイルサイズが気になる方は、zepto.jsを使ってみる選択肢もあると思います。ここでは詳細は解説しませんので、興味のある方はWebサイトなどで調べてみてください。

●zepto.jsのWebサイト
http://zeptojs.com/

Lesson 3　Chapter 3

jQueryの文法1：セレクタ

「どこの箇所（要素／属性）に対して操作したい」と指定するために使用するのが「セレクタ」です。基本的にCSSのセレクタと同様だと思ってよいので、Webデザイナーにとってもなじみ深いでしょう。CSSとほぼ同等なので習得のハードルは低いと思います。jQueryが使いやすいと言われている由縁がこのセレクタの記述方法にあります。
これから代表的な書式を紹介していきますが、HTML/CSSに詳しい方は、ざっと流し見てもらうことでも構いません。

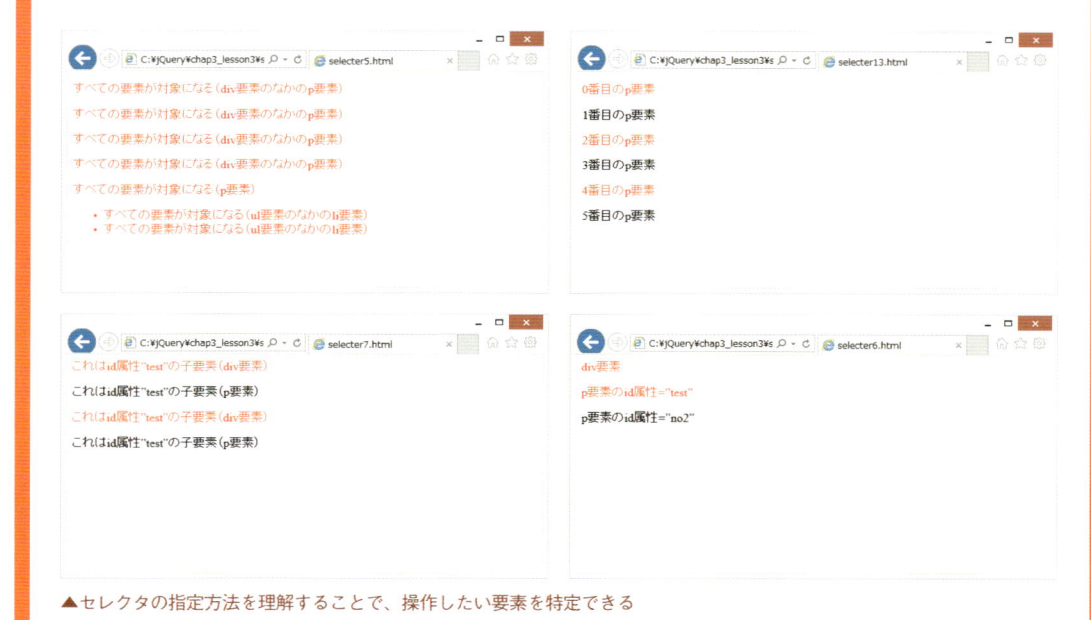

▲セレクタの指定方法を理解することで、操作したい要素を特定できる

➔ POINT

○CSSセレクタとjQueryセレクタは同様の記述である

○$("要素名")　→　　<div>要素指定</div>

○$("#id名")　→　　<div id="id名">ID指定</div>

○$(".class名")　→　　<div class="class名">CLASS指定</div>

○最初は、上記3つのよく使われるセレクタを覚えることが大切

要素と属性の指定

「セレクタ」はjQueryで操作を行う要素を指定するものですが、ここでは代表的なセレクタの指定方法を表で示すとともに、サンプルプログラムも掲載しておきます。サンプルプログラムには、以降で解説する「メソッド」などが出てきますが、ここでは「セレクタ」の指定とそれに対応する要素や属性の対応を確認してください。

どこの箇所に対して	HTML要素で指定
書式	$("要素名")
記述例	$("div") …すべてのdiv要素に対して

サンプルファイル：selecter1.html

```html
<!DOCTYPE html>
<html>
<head>
<meta charset="UTF-8">
<title>selecter1.html</title>
<script src="http://code.jquery.com/jquery-2.1.1.min.js"></script>
<script>
$(document).ready(function(){
//この中に処理を記述 開始

//$("要素名")に対してstyle="color:#f00;"を設定
$("div").css("color","#f00");    //文字を赤色に

//この中に処理を記述 終了
});
</script>
</head>
<body>
<div name="test">
    <p>これはdiv要素の子要素</p>
</div>
<p>これはp要素</p>
</body>
</html>
```

実行結果：selecter1.html

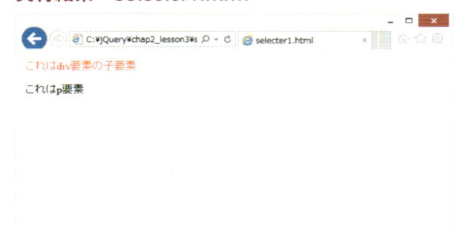

これはdiv要素の子要素
これはp要素

なお、以降のリストでは、前段などの定型の記述は省略してありますので、全ソースコードをご覧になりたい場合は、ダウンロードしたサンプルファイルをご確認ください。

どこの箇所に対して	name属性を指定
書式	$("name名")
記述例	$("[name=test]") …name属性値が"test"の場合

サンプルファイル：selecter2.html

```
(略)
<script>
$(document).ready(function(){
//この中に処理を記述 開始

//$("name属性=name属性値")に対してstyle="color:#f00;"を設定
$("[name=test]").css("color","#f00");    //文字を赤色に

//この中に処理を記述 終了
});
</script>
(略)
<body>
<!-- name=testにのみ、赤色のスタイルが設定される -->
<div name="test">
    <p>これはname属性"test"の子要素。</p>
    <p>これはname属性"test"の子要素。</p>
    <p>これはname属性"test"の子要素。</p>
    <p>これはname属性"test"の子要素。</p>
</div>
<!-- name=demoには、赤色のスタイルが設定されない -->
<div name="demo">
    <p>これはname属性"demo"の子要素。</p>
    <p>これはname属性"demo"の子要素。</p>
    <p>これはname属性"demo"の子要素。</p>
    <p>これはname属性"demo"の子要素。</p>
</div>
</body>
(略)
```

実行結果：selecter2.html

どこの箇所に対して	id属性を指定
書式	$("#id名")
記述例	$("#test_id") …id属性値が"test_id"の場合

サンプルファイル：selecter3.html

```
(略)
<script>
$(document).ready(function(){
//この中に処理を記述 開始

//$("#id名")に対してstyle="color:#f00;"を設定
$("#test_id").css("color","#f00");    //文字を赤色に

//この中に処理を記述 終了
});
</script>
(略)
<body>
<!-- #test_idに対してのみ、赤色のスタイルが設定される  -->
<div id="test_id">
    <p>これはid属性"test_id"の子要素。</p>
    <p>これはid属性"test_id"の子要素。</p>
    <p>これはid属性"test_id"の子要素。</p>
    <p>これはid属性"test_id"の子要素。</p>
</div>
<!-- #demoに対しては、赤色のスタイルが設定されない  -->
<div id="demo">
    <p>これはid属性"demo"の子要素。</p>
    <p>これはid属性"demo"の子要素。</p>
    <p>これはid属性"demo"の子要素。</p>
    <p>これはid属性"demo"の子要素。</p>
</div>
</body>
(略)
```

実行結果：selecter3.html

これはid属性"test_id"の子要素。
これはid属性"test_id"の子要素。
これはid属性"test_id"の子要素。
これはid属性"test_id"の子要素。
これはid属性"demo"の子要素。
これはid属性"demo"の子要素。
これはid属性"demo"の子要素。
これはid属性"demo"の子要素。

jQueryの文法1：セレクタ | Lesson 3

どこの箇所に対して	class属性で指定
書式	$(".class名")
記述例	$(".test_class") …class属性値が "test_class" の場合

サンプルファイル：selecter4.html

```html
(略)
<script>
$(document).ready(function(){
//この中に処理を記述 開始

//$(".class名")に対してstyle="color:#f00;"を設定
$(".test_class").css("color","#f00");    //文字を赤色に

//この中に処理を記述 終了
});
</script>
(略)
<body>
<!-- .test_classに対してのみ、赤色のスタイルが設定される -->
<div class="test_class">
    <p>これはclass属性" test_class" の子要素。</p>
    <p>これはclass属性" test_class" の子要素。</p>
    <p>これはclass属性" test_class" の子要素。</p>
    <p>これはclass属性" test_class" の子要素。</p>
</div>
<!-- #test_classに対しては、赤色のスタイルが設定されない -->
<div id="test_class">
    <p>これはid属性" test_class" の子要素。</p>
    <p>これはid属性" test_class" の子要素。</p>
    <p>これはid属性" test_class" の子要素。</p>
    <p>これはid属性" test_class" の子要素。</p>
</div>
</body>
(略)
```

実行結果：selecter4.html

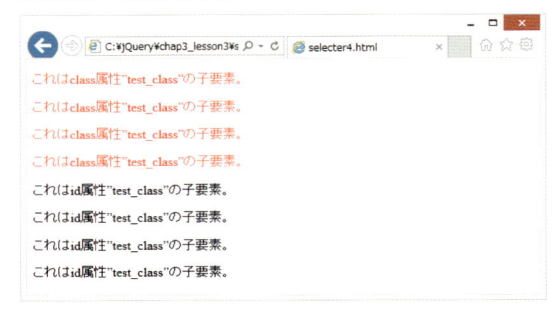

どこの箇所に対して	すべての要素を指定する
書式	$("*")
記述例	$("*") …すべての要素に対して

サンプルファイル：selecter5.html

```
（略）
<script>
$(document).ready(function(){
//この中に処理を記述  開始

//$("すべての要素")に対してstyle="color:#f00;"を設定
$("*").css("color","#f00");   //文字を赤色に

//この中に処理を記述  終了
});
</script>
（略）
<body>
<div>
    <p>すべての要素が対象になる（div要素のなかのp要素）</p>
    <p>すべての要素が対象になる（div要素のなかのp要素）</p>
    <p>すべての要素が対象になる（div要素のなかのp要素）</p>
    <p>すべての要素が対象になる（div要素のなかのp要素）</p>
</div>
<p>すべての要素が対象になる（p要素）</p>
<ul>
    <li>すべての要素が対象になる（ul要素のなかのli要素）</li>
    <li>すべての要素が対象になる（ul要素のなかのli要素）</li>
</ul>
</body>
（略）
```

実行結果：selecter5.html

どこの箇所に対して	要素名もしくはid名に一致する要素を指定する
書式	$("要素名,#id名")
記述例	$("div, #test") …div要素または"test"というid属性に対して

サンプルファイル：selecter6.html

```
(略)
<script>
$(document).ready(function(){
//この中に処理を記述 開始

//$("要素名, #id名")に対してstyle="color:#f00;"を設定
$("div, #test").css("color","#f00"); //文字を赤色に

//この中に処理を記述 終了
});
</script>
(略)
<body>
<!-- div要素もしくは#testに対してのみ、赤色のスタイルが設定される -->
<div>div要素</div>
<p id="test">p要素のid属性="test"</p>
<!-- #no2に対しては、赤色のスタイルが設定されない -->
<p id="no2">p要素のid属性="no2"</p>
</body>
(略)
```

実行結果：selecter6.html

073

どこの箇所に対して	id名の子である特定の要素を指定する（走査対象：#id名の子要素すべて）
書式	$("#id名 要素名")
記述例	$("#test div") …id属性値が"test"でその子要素divすべてに対して（直下の子要素だけでなく、子要素の子要素も対象になる）

サンプルファイル：selecter7.html

```
（略）
<script>
$(document).ready(function(){
//この中に処理を記述  開始

//$("#id名 要素名")に対してstyle="color:#f00;"を設定
$("#test div").css("color","#f00");   //文字を赤色に

//この中に処理を記述  終了
});
</script>
（略）
<body>
<div id="test">
<!-- #testの子要素divに対してのみ、赤色のスタイルが設定される  -->
    <div>これはid属性"test"の子要素（div要素）</div>
    <p>これはid属性"test"の子要素（p要素）</p>
    <div>これはid属性"test"の子要素（div要素）</div>
    <p>これはid属性"test"の子要素（p要素）</p>
</div>
</body>
（略）
```

実行結果：selecter7.html

これはid属性"test"の子要素（div要素）
これはid属性"test"の子要素（p要素）
これはid属性"test"の子要素（div要素）
これはid属性"test"の子要素（p要素）

どこの箇所に対して	id名の子である特定の要素を指定する（走査対象：#id名の子要素すべて）
書式	$("#id名 > 要素名")
記述例	$("#test > p")…id属性値が"test"でその子要素pすべてに対して（直下の子要素のみで、子要素の子要素（孫要素）は対象にならない）

サンプルファイル：selecter8.html

```
（略）
<script>
$(document).ready(function(){
//この中に処理を記述 開始

//$("#id名 > 要素名")に対してstyle="color:#f00;"を設定
    $("#test > p").css("color","#f00");    //文字を赤色に

//この中に処理を記述 終了
});
</script>
（略）
<body>
<div id="test">
<!-- #testの子要素pに対してのみ、赤色のスタイルが設定される -->
    <div>これはid属性"test"の子要素（div要素）</div>
    <p>これはid属性"test"の子要素（p要素）</p>
    <div>これはid属性"test"の子要素（div要素）</div>
    <p>これはid属性"test"の子要素（p要素）</p>
</div>
</body>
（略）
```

実行結果：selecter8.html

「$("#id名 要素名")」と「$("#id名 > 要素名")」は、CSSのセレクタの指定と同様に、「$("#id名 要素名")」はid属性の子孫の要素をすべて対象（孫要素以下も対象）としますが、「$("#id名 > 要素名")」はid属性の直下の子要素のみ（孫要素以下は対象外）が対象となります。

どこの箇所に対して	クラス名1の要素以下にあるクラス名2の要素を指定
書式	$(".Class名1 .Class名2")
記述例	$(".test .demo") …class="test"の子要素であるclass="demo"に対して

サンプルファイル：selecter9.html

```
(略)
<script>
$(document).ready(function(){
//この中に処理を記述 開始

//$(".Class名1 .Class名2")に対してstyle="color:#f00;"を設定
$(".test .demo").css("color","#f00");     //文字を赤色に

//この中に処理を記述 終了
});
</script>
(略)
<body>
<div class="test">
<!-- .testの子要素.demoに対してのみ、赤色のスタイルが設定される  -->
    <div class="demo">これはclass属性"test"の子要素（クラス名demo）</div>
    <p>これはclass属性"test"の子要素（クラス名なし）</p>
    <div class="demo">これはclass属性"test"の子要素（クラス名demo）</div>
    <p>これはclass属性"test"の子要素（クラス名なし）</p>
</div>
</body>
(略)
```

実行結果：selecter9.html

どこの箇所に対して	クラス名1、クラス名2の両方を持つ要素を指定
書式	$(".Class名1.Class名2")
記述例	$(".test.demo") …class="test demo" の両方を持つ要素に対して（クラス名の順番は関係ない）

サンプルファイル：selecter10.html

```
（略）
<script>
$(document).ready(function(){
//この中に処理を記述  開始

//$(".Class名1.Class名2")に対してstyle="color:#f00;"を設定
$(".test.demo").css("color","#f00"); //文字を赤色に

//この中に処理を記述  終了
});
</script>
（略）
<body>
<div>
<!-- .testと.demoが両方指定されている要素に対してのみ、赤色のスタイルが設定される  -->
    <div class="test demo">これはdiv要素の子要素（クラス名：test、demo）</div>
    <p class="test">これはdiv要素の子要素（クラス名：test）</p>
    <div class="demo test">これはdiv要素の子要素（クラス名：demo、test）</div>
    <p class="test">これはdiv要素の子要素（クラス名：test）</p>
</div>
</body>
（略）
```

実行結果：selecter10.html

どこの箇所に対して	最初の対象要素を指定
書式	$("要素名:first")
記述例	$("p:first") …最初のp要素に対して

サンプルファイル：selecter11.html

```
 (略)
<script>
$(document).ready(function(){
//この中に処理を記述 開始

//$("要素名:first")に対してstyle="color:#f00;"を設定
$("p:first").css("color","#f00");      //文字を赤色に

//この中に処理を記述 終了
});
</script>
 (略)
<body>
<div>
<!-- p要素の一番最初の要素に対してのみ、赤色のスタイルが設定される  -->
    <p>1番目のp要素</p>
    <p>2番目のp要素</p>
    <p>3番目のp要素</p>
    <p>4番目のp要素</p>
    <p>5番目のp要素</p>
    <p>6番目のp要素</p>
</div>
</body>
 (略)
```

実行結果：selecter11.html

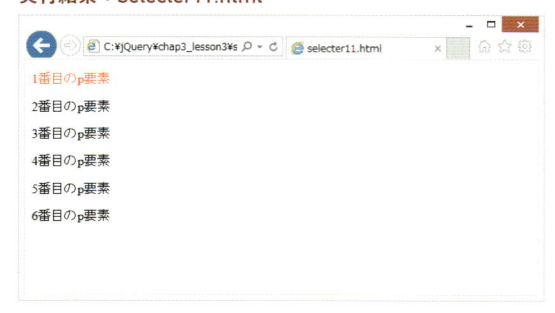

どこの箇所に対して	最後の対象要素を指定
書式	$("要素名:last")
記述例	$("p:last") …最後のp要素に対して

サンプルファイル：selecter12.html

```
（略）
<script>
$(document).ready(function(){
//この中に処理を記述 開始

//$("要素名:last")に対してstyle="color:#f00;"を設定
$("p:last").css("color","#f00"); //文字を赤色に

//この中に処理を記述 終了
});
</script>
（略）
<body>
<div>
<!-- p要素の一番最後の要素に対してのみ、赤色のスタイルが設定される -->
    <p>1番目のp要素</p>
    <p>2番目のp要素</p>
    <p>3番目のp要素</p>
    <p>4番目のp要素</p>
    <p>5番目のp要素</p>
    <p>6番目のp要素</p>
</div>
</body>
（略）
```

実行結果：selecter12.html

1番目のp要素
2番目のp要素
3番目のp要素
4番目のp要素
5番目のp要素
6番目のp要素

どこの箇所に対して	対象要素名が複数ある場合、「indexで偶数番目」を指定（1番目を0から数えるため）
書式	$("要素名:even")
記述例	$("p:even") …p要素のindexで偶数番目に対して

サンプルファイル：selecter13.html

```
（略）
<script>
$(document).ready(function(){
//この中に処理を記述　開始

//$("要素名:even")に対してstyle="color:#f00;"を設定
$("p:even").css("color","#f00"); //文字を赤色に

//この中に処理を記述　終了
});
</script>
（略）
<body>
<div>
<!--　p要素の偶数番目の要素に対してのみ、赤色のスタイルが設定される　-->
    <p>0番目のp要素</p>
    <p>1番目のp要素</p>
    <p>2番目のp要素</p>
    <p>3番目のp要素</p>
    <p>4番目のp要素</p>
    <p>5番目のp要素</p>
</div>
</body>
（略）
```

実行結果：selecter13.html

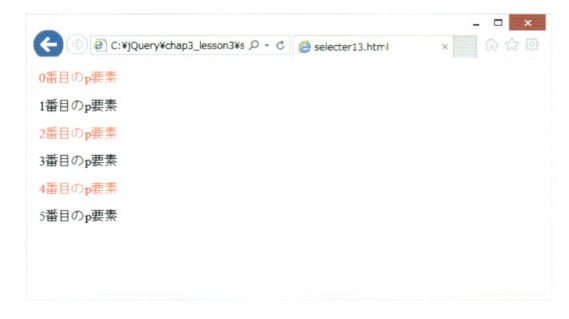

どこの箇所に対して	対象要素名が複数ある場合、「indexで奇数番目」を指定（1番目を0から数えるため）
書式	$("要素名:odd")
記述例	$("p:odd") …p要素のindexで奇数番目に対して

サンプルファイル：selecter14.html

```
（略）
<script>
$(document).ready(function(){
//この中に処理を記述　開始

//$("要素名:odd")に対してstyle="color:#f00;"を設定
$("p:odd").css("color","#f00");   //文字を赤色に

//この中に処理を記述　終了
});
</script>
（略）
<body>
<div>
<!-- p要素の奇数番目の要素に対してのみ、赤色のスタイルが設定される　-->
    <p>0番目のp要素</p>
    <p>1番目のp要素</p>
    <p>2番目のp要素</p>
    <p>3番目のp要素</p>
    <p>4番目のp要素</p>
    <p>5番目のp要素</p>
</div>
</body>
（略）
```

実行結果：selecter14.html

0番目のp要素
1番目のp要素
2番目のp要素
3番目のp要素
4番目のp要素
5番目のp要素

Lesson 4　Chapter 3

jQueryの文法2：メソッド

メソッドの役割は、セレクタで指定した箇所（要素/属性）に対して「何をさせる」と指示を与えることです。たとえば、「フェードアウト処理」「フェードイン処理」「文字を大きくする」「色の変更」などの処理を実行するときに使用するのが「メソッド」になります。
CSSと同様のこともできますが、CSSでは実現できない動きなどをメソッドを使えば実現できます。jQueryを使ってこういうことをしたいということは、つまりは「メソッドをどう記述するか」ということになるので、3つのポイントのなかでは「メソッド」が一番重要と言えるでしょう。
メソッドは多種多様なものがありますので、必要に応じて選んで使用します。記述の仕方は、ルールが決まっていますので、難しく考えなくても大丈夫です。

▲セレクタで指定した箇所のCSSを変更する例

▲入力フォームの値を操作するメソッドも用意されている

➔ POINT

○メソッドの記述方法を学ぶ

○CSSスタイルを追加・変更する方法を学ぶ

○単体、複数指定の2通りの記述方法を学ぶ

○HTML要素の追加・変更の方法を学ぶ

○文字列、値の操作方法を学ぶ

○HTML要素の属性の追加・変更を学ぶ

○メソッドを組み合わせて使うためのメソッドチェーンについても学ぶ

jQueryの文法2：メソッド | Lesson 4

jQueryでCSSスタイルを追加・変更する

　メソッドを使うことで、CSSではできないダイナミックな動きを実現することもできますが、まずはWebデザイナーでもなじみが深いCSSを操作するメソッドから見ていきましょう。
　jQueryを利用すると、セレクタで指定した箇所に対して「CSSスタイルを追加・変更・削除」することが可能になります。jQueryのメソッドの中でも、もっとも利用されるメソッドの1つです。使い勝手がとてもよく、CSSプロパティの指定方法と同様に使用できます。

▶ 1つの指示を出す場合

　たとえば、指定したセレクタに対して、文字の色を変更する場合は次ページのように記述します。記述は2通りありますが、どちらを使っても構いません。
　基本的にはCSSプロパティ単体指定の場合は「$("セレクタ").css("color", "#f00");」となり、CSSプロパティを複数指定したい場合には「$("セレクタ").css({"color":"#f00"});」の書式を使用します。

ⓘ Column

「$」と「jQuery」の記述の違い（特にWordPressで使用する場合の注意）

本書では、jQueryの指定に書式Aを使っていますが、書式Bのように表記することもできます。どちらで書いても、まったく同じ動作をします。一般的には短く書けて記述を減らすことができるので、書式Aを使っている方が多いようです。筆者も通常は「$」を使用しています。

書式A
```
$(document).ready(function(){
    $("body").append("<div>追加する</div>");
    ...
});
```

書式B
```
jQuery(document).ready(function(){
    jQuery("body").append("<div>追加する</div>");
    ...
});
```

ただし、書式に関しては1つ注意点があります。最近人気のあるCMS「WordPress」などでjQueryを使用する場合には、「$」を使用すると動作しません。そのため「$」ではなく「jQuery」を利用することになります。みなさんもWordPressを使うことがあると思いますが、その際には、Bの書式を使うということを覚えておいてください。

書式：1つの指示を出す場合

```
$("セレクタ").css("color", "#f00");    //文字を赤色にします
```

```
$("セレクタ").css({
    "color" : "#f00"    //文字を赤色にします
});
```

　それでは具体的なサンプルを示します。これはdiv要素id="setumei"とdiv要素id="setumei2"に対して1つのスタイルを追加するサンプルです。記述方法は上記の2通りがありますので、サンプルファイルには両方記述してあります。

サンプルファイル：method_css1-1.html

```html
<!DOCTYPE html>
<html>
<head>
<meta charset="UTF-8">
<title>method_css1-1.html</title>
<script src="http://code.jquery.com/jquery-2.1.1.min.js"></script>
<script>
$(document).ready(function(){
//この中に処理を記述 開始
    //1つの指示を出す（記述方法1）
    $("#setumei").css("color", "#f00");    //文字を赤色に

    //1つの指示を出す（記述方法2）
    $("#setumei2").css({
        "color" : "#f00"                    //文字を赤色に
    });
//この中に処理を記述 終了
});
</script>
</head>
<body>
<div id="setumei">吾輩（わがはい）は猫である。</div>
<div id="setumei2">名前はまだ無い。</div>
</body>
</html>
```

実行結果：method_css1-1.html

吾輩（わがはい）は猫である。
名前はまだ無い。

▶ 複数指示を出す場合

複数の指示を縦に並べて複数記述することも可能です。たとえば、以下のように指定します。

書式：複数の指示を出す場合
```
$("セレクタ").css( "color" , " #f00" );
$("セレクタ").css( "background-color" , " #fff" );
$("セレクタ").css( "border" , " 1px solid #555" );
```

また、セレクタが共通であれば"｛"から"｝"で括り、以下のように複数指定することもできます。

```
({
"CSSプロパティ" : "値" ,
"CSSプロパティ" : "値"
})"
```

この記法の場合の注意点は、複数書く際は、"CSSプロパティ"："値"の次に「,」（カンマ）を入れる必要があることです。カンマの意味合いとして「まだ次がありますよ！」と覚えればよいでしょう。具体的な記述例は、以下のようになります。

```
$("セレクタ").css({
    "color" : " #f00" ,
    "background-color" : " #fff" ,
    "border" : " 1px solid #555"
});
```

サンプルファイルも実行してみましょう。こちらのサンプルはdiv要素id="setumei"に対して複数のスタイルを追加するサンプルです。

サンプルファイル：method_css1-2.html

```html
<!DOCTYPE html>
<html>
<head>
<meta charset="UTF-8">
<title>method_css1-2.html</title>
<script src="http://code.jquery.com/jquery-2.1.1.min.js"></script>
<script>
$(document).ready(function(){
//この中に処理を記述 開始
    //1つのセレクタに対して複数のスタイルを指定（記述方法1）
    $("#setumei").css("color", "#f00");
    $("#setumei").css("background-color", "#fff");
    $("#setumei").css("border", "1px solid #555");

    //1つのセレクタに対して複数のスタイルを指定（記述方法2）
    $("#setumei2").css({
        "color" : "#f00",
        "background-color" : "#fff",
        "border" : "1px solid #555"
    });
//この中に処理を記述 終了
});
</script>
</head>
<body>
<div id="setumei">国境の長いトンネルを抜けると雪国であった。</div>
<div id="setumei2">夜の底が白くなった。信号所に汽車が止まった。</div>
</body>
</html>
```

実行結果：method_css1-2.html

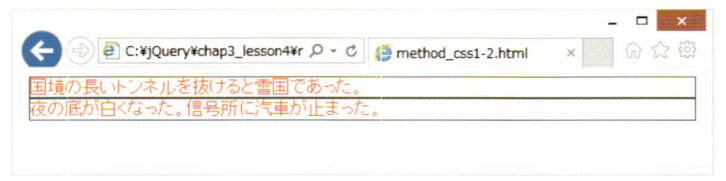

HTMLを操作するメソッド

jQueryではCSSを操作するだけでなく、HTML要素を操作することもできます。詳しくは順番に解説していきますが、まずはどんなメソッドがあるのか、ざっと見ておきましょう。

表 よく使われるHTML要素の操作メソッド一覧

メソッド	概要
`$("セレクタ").html();`	HTML要素内文字列を取得または書き換える（文字列内にHTMLを記述した場合はHTML処理して表示される）
`$("セレクタ").text();`	HTML要素内文字列を取得または書き換える（文字列内にHTMLを記述した場合は文字列で表示される）
`$("セレクタ").val();`	`input`要素から値を取得または書き換える
`$("セレクタ").attr();`	HTML要素の属性名を指定して値を取得または書き換える
`$("セレクタ").prepend();`	要素の先頭にHTML要素を追加
`$("セレクタ").append();`	要素の最後にHTML要素を追加
`$("セレクタ").before();`	要素の前にHTML要素を挿入
`$("セレクタ").after();`	要素の後にHTML要素を挿入
`$("セレクタ").empty();`	子要素をすべて削除
`$("セレクタ").remove();`	要素をすべて削除

文字列の取得と書き換え　　　　　　　　　　`html`メソッド

このメソッドを使うことで、HTML要素に対して、文字列を書き換えたり文字列を取得することが可能になります。以降で紹介する「`$("セレクタ").text();`」と異なり、HTMLタグを記述した際にHTMLとして扱うのが特徴です。

▶ 文字列を取得する

以下のサンプルは、p要素id="setumei"の文字列を取得して、alertダイアログを表示させます。なお、以降のリストでは、前段などの定型の記述は省略してありますので、全ソースコードをご覧になりたい場合は、ダウンロードしたサンプルファイルをご確認ください。

書式：html メソッド（文字列を取得）

```
$( "#setumei" ).html(); //id="setumei" から文字列を取得する
```

サンプルファイル：method_write1-1.html

```
 (略)
<script>
$(document).ready(function(){
//この中に処理を記述 開始
    alert($("#setumei").html());
//この中に処理を記述 終了
});
</script>
 (略)
<body>
<p id="setumei">一人の下人が、羅生門の下で雨やみを待っていた。</p>
</body>
 (略)
```

実行結果：method_write1-1.html

以下のサンプルは、p要素id="setumei"とp要素id="setumei2"の文字列を取得して、alertを出す際に「+」プラス演算子で文字列と文字列を接続（くっつける）し、alert表示させます。

サンプルファイル：method_write1-2.html

```
 (略)
<script>
$(document).ready(function(){
//この中に処理を記述 開始
    alert($("#setumei").html() + $("#setumei2").html());
    // "+" は接続詞で、文字と文字を接続させます。
//この中に処理を記述 終了
});
</script>
 (略)
<body>
<p id="setumei">1.吾輩（わがはい）は猫である。</p>
<p id="setumei2">2.名前はまだ無い。</p>
</body>
 (略)
```

実行結果：method_write1-2.html

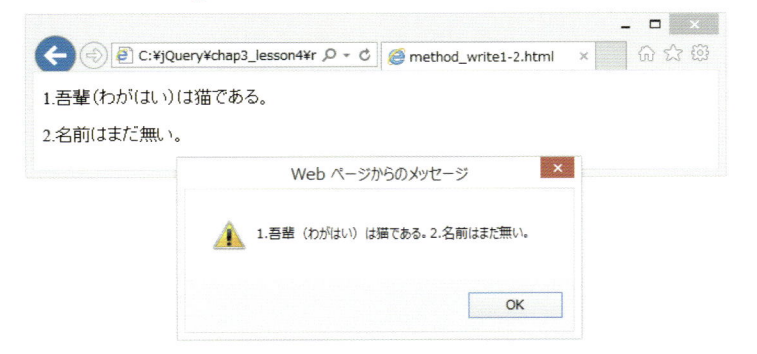

文字列を上書き変更する場合

以下のサンプルは、p要素id="setumei"に文字列を上書きします。

書式：html メソッド（文字列を上書き）

```
$( "#setumei" ).html( "文字列を要素に追加" );    //id="setumei"に対して文字列を
上書き変更する
```

サンプルファイル：method_write1-3.html

```
（略）
<script>
$(document).ready(function(){
//この中に処理を記述 開始
    $("#setumei").html("<small>文字列を要素に追加</small>");
//この中に処理を記述 終了
});
</script>
</head>
（略）
<p id="setumei"></p>
</body>
（略）
```

以下の実行結果にあるように、<small>タグの結果が反映されて小さい文字列で表示されます。

実行結果：method_write1-3.html

▶ 文字列を空する場合

以下のサンプルは、p要素id="setumei"の文字列を空（削除）にします。

書式：html メソッド（文字列を空にする）
```
$( "#setumei" ).html( "" );    //id="setumei" に対して文字列を空にする
```

サンプルファイル：method_write1-4.html
```
（略）
<script>
$(document).ready(function(){
//この中に処理を記述 開始
    $("#setumei").html("");   //空だと文字列を消す
//この中に処理を記述 終了
});
</script>
（略）
<body>
<p id="setumei">石炭をば早や積み果てつ。</p>
</body>
（略）
```

実行結果：method_write1-4.html

→ テキストを操作する　　　　　　　　　　　textメソッド

前述の「$("セレクタ").html();」と同様に、HTML要素に対して、文字列を書き換えたり文字列を取得するためのメソッドですが、この「$("セレクタ").text();」メソッドでは、HTMLタグを無効にするのが特徴です。HTML文字が入っていても、文字列として扱います。

▶ 文字列を取得する

以下のサンプルは、p要素id="setumei"の文字列を取得して、alertダイアログを表示させます。先に紹介した「$("セレクタ").html();」と実行結果を比較してください。

書式：text メソッド（文字列を取得）
```
$( "#setumei" ).text(); //id="setumei" から文字列を取得する
```

サンプルファイル：method_write2-1.html

```
（略）
<script>
$(document).ready(function(){
//この中に処理を記述 開始
    alert($("#setumei").text());
//この中に処理を記述 終了
});
</script>
（略）
<body>
<p id="setumei">一人の下人が、<small>羅生門</small>の下で雨やみを待っていた。</p>
</body>
（略）
```

以下の実行結果にあるように、ブラウザの画面では<small>タグが反映されていますが、jQureyで表示しているアラートダイアログでは<small>タグは無効になり文字のみが表示されます。

実行結果：method_write2-1.html

▶ 文字列を上書き変更する

以下のサンプルは、p要素id="setumei"に文字列を上書きします。

書式：text メソッド（文字列を上書き）

```
$("#setumei").text("文字列を要素に追加");//id="setumei"に対して文字列を上
書き変更する
```

サンプルファイル：method_write2-2.html
```
（略）
<script>
$(document).ready(function(){
//この中に処理を記述 開始
    $("#setumei").text("<small>文字列を要素に追加</small>");
//この中に処理を記述 終了
});
</script>
（略）
<body>
<p id="setumei"></p>
</body>
（略）
```

以下の実行結果にあるように、<small>はHTMLタグではなく文字列として扱われることがわかります。

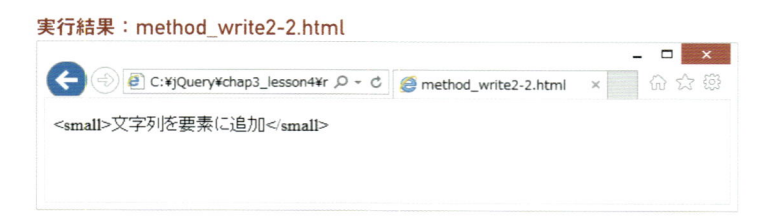

実行結果：method_write2-2.html

`<small>文字列を要素に追加</small>`

▶ 文字列を空にする

以下のサンプルは、p要素id="setumei"の文字列を空（削除）にします。

書式：text メソッド（文字列を空にする）
```
$( "#setumei" ).text( "" );      //id="setumei"に対して文字列を空にする
```

サンプルファイル：method_write2-3.html
```
（略）
<script>
$(document).ready(function(){
//この中に処理を記述 開始
    $("#setumei").text("");  //空だと文字列を消す
//この中に処理を記述 終了
});
</script>
（略）
<body>
<p id="setumei">石炭をば早や積み果てつ。</p>
</body>
（略）
```

実行結果：method_write2-3.html

値を操作する　　　　valメソッド

input、selectbox、textAreaなどの値を操作するメソッドです。Form（入力フォーム）を使用した際によく使われます。値を取得する際に使用するメソッドとして覚えておけばいいでしょう。

▶ 値を取得する

以下のサンプルは、input要素id="setumei"とselect要素id="setumei2"の値を取得します。

書式：val メソッド（値の取得）

```
$( "#setumei" ).val();   //id="setumei"から値を取得する
```

サンプルファイル：method_write3-1.html

```
(略)
<script>
$(document).ready(function(){
//この中に処理を記述 開始
    alert($("#setumei").val());   //入力フォーム等はval();で取得
    alert($("#setumei2").val());  //入力フォーム等はval();で取得
//この中に処理を記述 終了
});
</script>
(略)
<p>
    1. <input type="text" id="setumei" value="外国人が知っている日本の地名">
</p>
<p>
    2. <select id="setumei2" name="setumei2">
        <option value="北海道">北海道</option>
        <option value="東京" selected>東京</option>
        <option value="大阪">大阪</option>
    </select>
</p>
(略)
```

以下のダイアログメッセージで［OK］ボタンを押すと、「東京」という新たなダイアログボックスが表示されます。

実行結果：method_write3-1.html

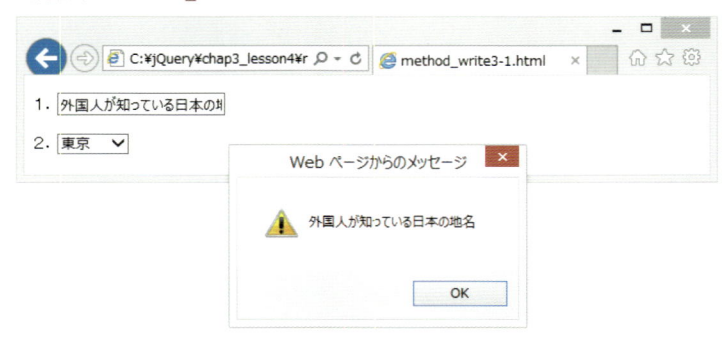

文字列を上書き変更する

以下のサンプルは、input要素id="setumei"とselect要素id="setumei2"の値を上書きします。なお、selectboxの場合は、「$("セレクタ").val("値を追加")」とするとvalue="値"と等しいものが選択表示されます。このサンプルで両方の動作を確認してください。

書式：val メソッド（文字列の上書き）

```
$("#setumei").val("値を追加");  //id="setumei"に対して文字列を上書き変更する
```

サンプルファイル：method_write3-2.html

```
（略）
<script>
$(document).ready(function(){
//この中に処理を記述 開始
    $("#setumei").val("外国人が知っている日本の地名");    //値を設定する
    $("#setumei2").val("大阪");                      //値を設定する
//この中に処理を記述 終了
});
</script>
（略）
<p>
    1. <input type="text" id="setumei" value="">
</p>
<p>
    2. <select id="setumei2" name="setumei2">
        <option value="北海道">北海道</option>
        <option value="東京" selected>東京</option>
        <option value="大阪">大阪</option>
    </select>
</p>
（略）
```

実行結果：method_write3-2.html

文字列を空にする

以下のサンプルは、input要素id="setumei"とselect要素id="setumei2"の値を空（削除）にします。

書式：val メソッド（文字列を空にする）

```
$( "#setumei" ).val( "" );    //id="setumei"に対して値を空にする
```

サンプルファイル：method_write3-3.html

```html
（略）
<script>
$(document).ready(function(){
//この中に処理を記述　開始
    $("#setumei").val("");   //値を空にする
    $("#setumei2").val("");  //値を空にする
//この中に処理を記述　終了
});
</script>
 （略）
<p>
    1. <input type="text" id="setumei" value="外国人が知っている日本の地名">
</p>
<p>
    2. <select id="setumei2" name="setumei2">
        <option value="北海道">北海道</option>
        <option value="東京" selected>東京</option>
        <option value="大阪">大阪</option>
    </select>
</p>
 （略）
```

実行結果：method_write3-3.html

属性値を操作する　　　　　　　　　　attrメソッド

HTML要素の属性を指定し、値の「取得、変更、削除」をすることができます。class属性やa要素のhref属性を参照したりすることにも使います。属性を幅広く参照することができるメソッドです。

▶ 属性値を取得する

以下のサンプルは、p要素id="setumei"の指定した属性名を取得して、alert表示させます。

書式：attrメソッド（属性値の取得）

```
$("セレクタ").attr("属性名");      //指定した属性名に値を変更更新
```

サンプルファイル：method_write4-1.html

```html
（略）
<script>
$(document).ready(function(){
//この中に処理を記述 開始
    alert($("#setumei").attr("class"));
//この中に処理を記述 終了
});
</script>
（略）
<body>
<p id="setumei" class="sample1">祇園精舎の鐘の声。諸行無常の響あり。</p>
</body>
（略）
```

実行結果：method_write4-1.html

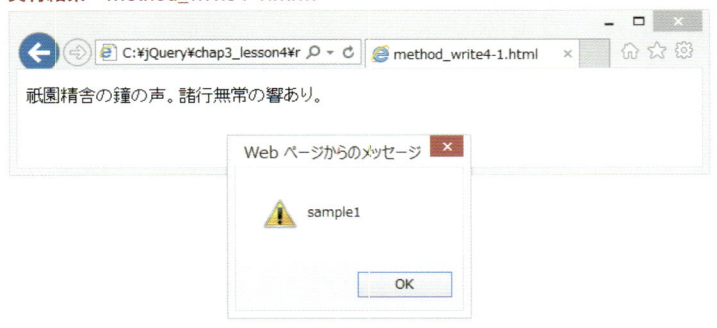

祇園精舎の鐘の声。諸行無常の響あり。

Webページからのメッセージ: sample1

属性値を変更する

以下のサンプルは、p要素id="setumei"の属性名の値を変更(なければ更新)します。

書式：attr メソッド（属性値の変更）

```
$("セレクタ").attr("属性名", "値");    //指定した属性名の値を変更（なければ追加と
                                        なる）
```

サンプルファイル：method_write4-2.html

```
(略)
<script>
$(document).ready(function(){
//この中に処理を記述 開始
    $("#setumei").attr("class", "sample1");
//この中に処理を記述 終了
});
</script>
<style>
.sample1{color: #f00;}
</style>
(略)
<body>
<p id="setumei">祇園精舎の鐘の声。諸行無常の響あり。</p>
</body>
(略)
```

実行結果：method_write4-2.html

祇園精舎の鐘の声。諸行無常の響あり。

実際にIEの「F12 開発者ツール」やChromeの「ディベロッパーツール」で確認してみると、以下のようにクラス名が追加されていることがわかります。

F12 開発者ツール：method_write4-2.html

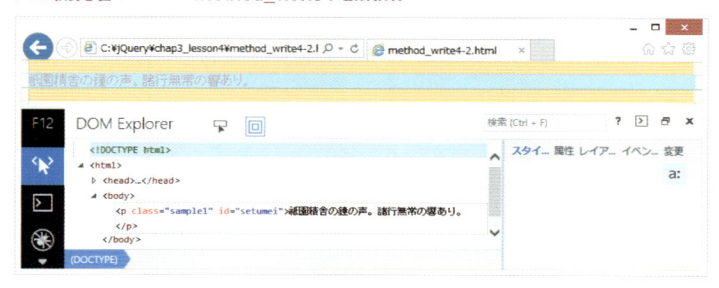

```
<!DOCTYPE html>
<html>
  <head>...</head>
  <body>
    <p class="sample1" id="setumei">祇園精舎の鐘の声。諸行無常の響あり。</p>
  </body>
</html>
```

▶ 属性値を変更する（空にする）

以下のサンプルは、p要素id="setumei"の属性名の値を変更（空で指定すると指定した属性名が空になる）します。

書式：attr メソッド（属性値を空にする）

```
$("セレクタ").attr("属性名", "");     //指定した属性名の値を変更（空で指定すると
指定した属性名が空になる）
```

サンプルファイル：method_write4-3.html

```
(略)
<script>
$(document).ready(function(){
//この中に処理を記述 開始
    $("#setumei").attr("class", "");
//この中に処理を記述 終了
});
</script>
<style>
.sample1{color: #f00;}
</style>
(略)
<body>
<p id="setumei" class="sample1">祇園精舎の鐘の声。諸行無常の響あり。</p>
</body>
(略)
```

実行結果：method_write4-3.html

祇園精舎の鐘の声。諸行無常の響あり。

実際にIEの「F12 開発者ツール」やChromeの「ディベロッパーツール」で確認してみると、以下のようにクラスの属性名が空になっていることがわかります。

F12 開発者ツール：method_write4-3.html

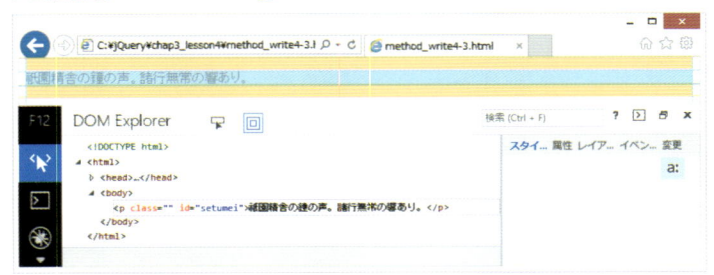

```
<p class="" id="setumei">祇園精舎の鐘の声。諸行無常の響あり。</p>
```

文字列を空にする

以下のサンプルは、p要素id="setumei"の指定した属性名を削除します。

書式：attr メソッド（文字列を空にする）

```
$( "#setumei" ).removeAttr( "" );   //id="setumei"に対して指定した属性を削除する
```

サンプルファイル：method_write4-4.html

```html
（略）
<script>
$(document).ready(function(){
//この中に処理を記述 開始
    $("#setumei").removeAttr("class");    //指定した属性を削除
//この中に処理を記述 終了
});
</script>
<style>
.sample1{color: #f00;}
</style>
 （略）
<body>
<p id="setumei" class="sample1">祇園精舎の鐘の声。諸行無常の響あり。</p>
</body>
</html>
 （略）
```

実行結果：method_write4-4.html

祇園精舎の鐘の声。諸行無常の響あり。

実際にIEの「F12 開発者ツール」やChromeの「ディベロッパーツール」で確認してみると、以下のように属性が削除されています。「attr」メソッドで属性名を空にした場合と比較してみてください。

F12 開発者ツール：method_write4-4.html

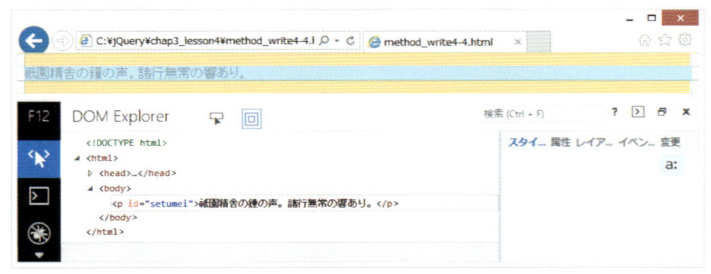

要素の先頭にHTML要素・文字を追加　prependメソッド

指定したセレクタ内の先頭に要素・文字を追加することができます。以降で学ぶ「イベント=どのタイミングで？」といっしょに使うことが多いメソッドですが、何かの操作に合わせて新規で<div>や<li>タグなど（どんなタグでもできる）を追加したりするときによく使われます。

▶ セレクタ内の先頭に要素・文字を追加

以下のサンプルは、p要素id="setumei"内に「極意：」を追加します。

書式：prepend メソッド

```
$("セレクタ").prepend("極意：");　　//セレクタ内の先頭に「極意：」を追加
```

サンプルファイル：method_write5-1.html

```
（略）
<script>
$(document).ready(function(){
//この中に処理を記述　開始
    //セレクタ内の先頭に文字を追加
    $("#setumei").prepend("極意：");
//この中に処理を記述　終了
});
</script>
（略）
<body>
<p id="setumei">最低限使うものだけ覚える！</p>
</body>
（略）
```

実行結果：method_write5-1.html

極意：最低限使うものだけ覚える！

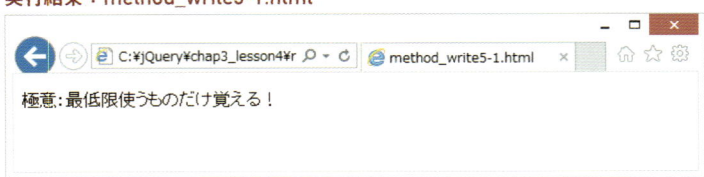

要素の後ろにHTML要素・文字を追加　appendメソッド

指定したセレクタ内の後ろに要素・文字を追加することができます。こちらも先の「prepend」メソッドと同様に、何かの操作に合わせて新規で<div>や<li>タグなど（どんなタグでもできる）を追加したりするときによく使われます。

セレクタ内の後ろに要素・文字を追加

以下のサンプルは、p要素id="setumei"内に「極意：」を追加します。

書式：append メソッド

```
$("セレクタ").append("極意：");   //セレクタ内の後ろに「極意：」を追加
```

サンプルファイル：method_write5-2.html

```
（略）
<script>
$(document).ready(function(){
//この中に処理を記述　開始
    //セレクタ内の後ろに文字を追加
    $("#setumei").append("極意：");
//この中に処理を記述　終了
});
</script>
（略）
<body>
<p id="setumei">最低限使うものだけ覚える！</p>
</body>
（略）
```

実行結果：method_write5-2.html

最低限使うものだけ覚える！極意：

要素の前にHTML要素・文字を追加　`before`メソッド

指定したセレクタの前に要素を追加することができます。先ほどの「prepend」メソッドとの違いを実際に実行して確認してみてください。

▶ セレクタの前に要素を追加

以下のサンプルは、p要素id="setumei"の前に「極意：」を追加します。

書式：before メソッド

```
$("セレクタ").before("極意：");    //セレクタの前に「極意：」を追加
```

サンプルファイル：method_write5-3.html

```html
（略）
<script>
$(document).ready(function(){
//この中に処理を記述 開始
    //セレクタの前に要素・文字を追加
    $("#setumei").before("極意：");
//この中に処理を記述 終了
});
</script>
（略）
<body>
<p id="setumei">最低限使うものだけ覚える！</p>
</body>
（略）
```

実行結果：method_write5-3.html

極意：
最低限使うものだけ覚える！

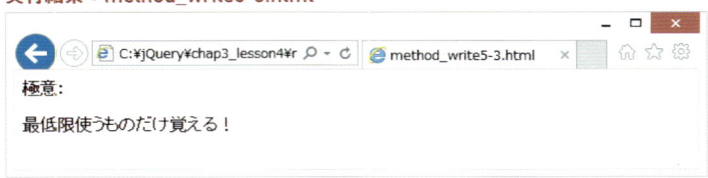

要素の後にHTML要素・文字を追加　　afterメソッド

指定したセレクタの後に要素を追加することができます。先ほどの「append」メソッドとの違いを実際に実行して確認してください。

セレクタの後に要素を追加

以下のサンプルは、p要素id="setumei"の後ろに「極意：」を追加します。

書式：after メソッド

```
$("セレクタ").after("極意：");    //セレクタの後に「極意：」を追加
```

サンプルファイル：method_write5-4.html

```html
（略）
<script>
$(document).ready(function(){
//この中に処理を記述  開始
    //セレクタの後に要素・文字を追加
    $("#setumei").after("極意：");
//この中に処理を記述  終了
});
</script>
（略）
<body>
<p id="setumei">最低限使うものだけ覚える！</p>
</body>
（略）
```

実行結果：method_write5-4.html

最低限使うものだけ覚える！
極意：

→ HTML要素内の子要素を全削除　　　　emptyメソッド

　指定したセレクタ内の子要素をすべて削除できます。以降で学ぶ「イベント＝どのタイミングで？」といっしょに使うことが多いメソッドですが、何かの操作に合わせてHTML要素など（どんなタグでもできる）を削除したりするときによく使われます。

▶ 要素内の子要素を全削除

　以下のサンプルは、div要素id＝"setumei"の子要素をすべて削除します。

書式：empty メソッド

```
$("セレクタ").empty();    //セレクタ内の子要素をすべて削除
```

サンプルファイル：method_write5-5.html

```html
(略)
<script>
$(document).ready(function(){
//この中に処理を記述 開始
    //セレクタ内の子要素をすべて削除
    $("#setumei").empty();
//この中に処理を記述 終了
});
</script>
(略)
<div id="setumei">
    <p>1. どの箇所に対して</p>
    <p>2. 何をさせる</p>
    <p>3. どのタイミングで？</p>
</div>
(略)
```

実行結果：method_write5-5.html

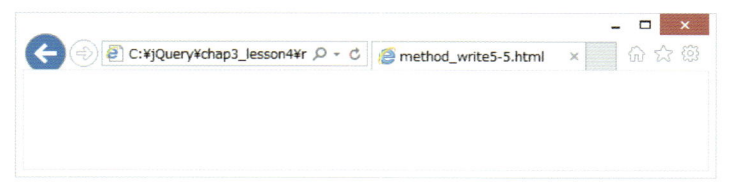

　実際にIEの「F12 開発者ツール」やChromeの「ディベロッパーツール」で確認してみると、以下のように子要素<p>がすべて削除されています。

F12 開発者ツール：method_write5-5.html

→ HTML要素を削除　　　　　　　　　　　　removeメソッド

指定したセレクタのHTML要素を削除できます。こちらも先の「empty」メソッドと同様に、何かの操作に合わせてHTML要素など（どんなタグでもできる）を削除したりするときによく使われます。

▶ 要素を削除

以下のサンプルは、div要素id="setumei"の要素を削除します。

書式：remove メソッド

```
$("セレクタ").remove();  //セレクタで指定した要素を削除
```

サンプルファイル：method_write5-6.html

```
（略）
<script>
$(document).ready(function(){
//この中に処理を記述  開始
    //セレクタで指定した要素を削除
    $("#setumei").remove();
//この中に処理を記述  終了
});
</script>
（略）
<div id="setumei">
    <p>1．どの箇所に対して</p>
    <p>2．何をさせる</p>
    <p>3．どのタイミングで？</p>
</div>
（略）
```

実行結果：method_write5-6.html

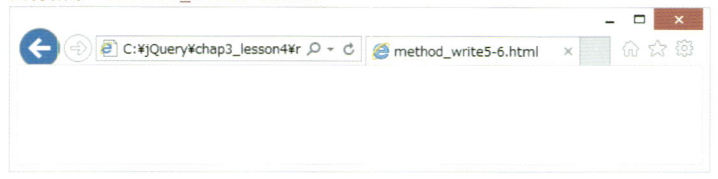

実際にIEの「F12 開発者ツール」やChromeの「ディベロッパーツール」で確認してみると、「empty」メソッドとは異なり、「<div id="setumei"></div>」自体が削除されていることがわかります。

F12 開発者ツール：method_write5-6.html

→ メソッドチェーン

　メソッドチェーンはチェーンとついている由来のとおりで、鎖のようにメソッドをつないで使用することができます。これまでは1要素に1つのメソッドを適用するという解説しかしてきませんでしたが、同じ要素名に対して複数のメソッドを使用したい場合もあります。
　このときに使うのが、この「メソッドチェーン」です。メソッドチェーンを使用することで、同じ要素を何度も指定する必要がなくなり、ソースコードも見やすくなります。

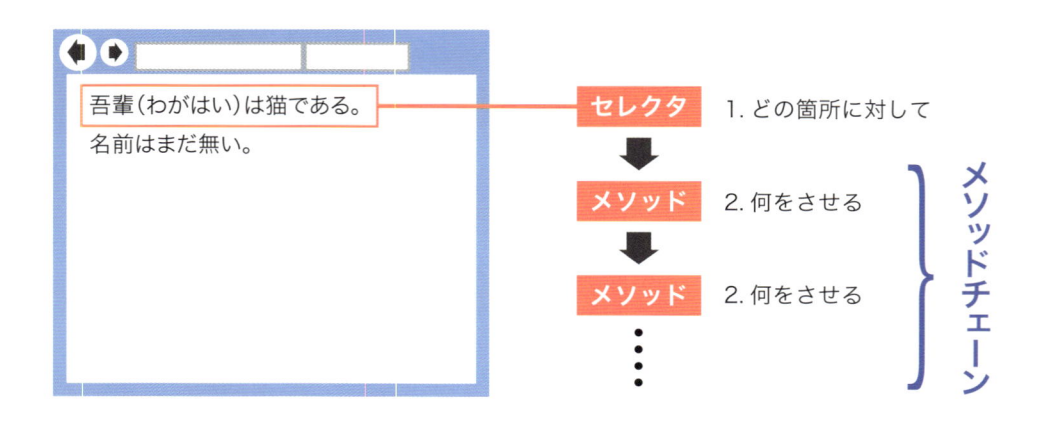

セレクタ　1. どの箇所に対して
↓
メソッド　2. 何をさせる
↓
メソッド　2. 何をさせる
⋮

｝メソッドチェーン

メソッドチェーンの利用例

　指定したタグの中にある文字列と文字色を変更する場合の例を以下に示します。この例のように「$("#setumei").html("最低限使うものだけ覚える！").css("color","#f00");」として、メソッドを「.」で繋げて記述することで、表示結果として、文字列は「最低限使うものだけ覚える！」、文字列は「赤色」に変更されます。

書式：メソッドチェーン

```
$( "#setumei" ).html( "最低限使うものだけ覚える！" ).css( "color" ," #f00" );
```

サンプルファイル：method_chain1-1.html

```
（略）
<script>
$(document).ready(function(){
//この中に処理を記述　開始
    //1つのセレクタに対して、複数メソッドを実行できる
    $("#setumei").html("最低限使うものだけ覚える！").css("color","#f00");
//この中に処理を記述　終了
});
</script>
（略）
<body>
<div id="setumei">吾輩（わがはい）は猫である。</div>
<div id="setumei2">名前はまだ無い。</div>
</body>
（略）
```

　メソッドチェーンでは、メソッドを繋げた順番に処理されます。以降のレッスンで紹介しているアニメーションなどの効果を使う際には、メソッドの順番が重要になることがありますので、繋げた順に処理されると言うことは覚えておきましょう。

実行結果：methoda_chain1-1.html

最低限使うものだけ覚える！
名前はまだ無い。

　もう1つメソッドチェーンの例を示します。こちらの例は、body要素に対してメソッドが3つチェーンされています。実行して結果を確かめてみてください。

サンプルファイル：method_chain1-2.html

```
（略）
<script>
$(document).ready(function(){
//この中に処理を記述 開始
    //1つのセレクタに対して、複数メソッドを実行できる
    $("body").append('<div id="setumei0"></div>').prepend('<div id="setumei3"></div>').css("color","#f00");
//この中に処理を記述 終了
});
</script>
（略）
<body>
<div id="setumei1">吾輩（わがはい）は猫である。</div>
<div id="setumei2">名前はまだ無い。</div>
</body>
（略）
```

実行結果：methoda_chain1-1.html

　想像したとおりの実行結果になったでしょうか？ IEの「F12 開発者ツール」やChromeの「ディベロッパーツール」で確認してみましょう。メソッドチェーンを使うことで、こういった多数の操作を一度に記述できますが、逆にわかりにくくならないように気をつけましょう。

F12 開発者ツール：method_chain1-2.html

Lesson 5　Chapter 3

jQueryの文法3：イベント

「1. どこの箇所に対して」（＝セレクタ）→「2. 何をさせる」（＝メソッド）をやってきましたが、最後は「3. どのタイミングで？」（＝イベント）の解説になります。これまでの解説では、特にイベントの設定はしていませんが、これはHTMLの読み込みが完了したらJavaScriptを実行するという設定になっていたためです。イベントを設定することで、任意のタイミングで指定したセレクタに対してメソッドを実行することが可能になります。「マウスクリック」「マウス移動」「キー入力」「テキストボックス内の文字列の内容が変わったとき」など、さまざまなアクションが起きたときのタイミングがイベントとして設定できます。

イベントは、たとえばクリックした際に何かの処理（メソッド）を実行したい場合には、設定が必須となります。逆に言うとこれまで紹介したメソッドは、何かのイベントに紐付いて動作すると考えてもいいと思います。

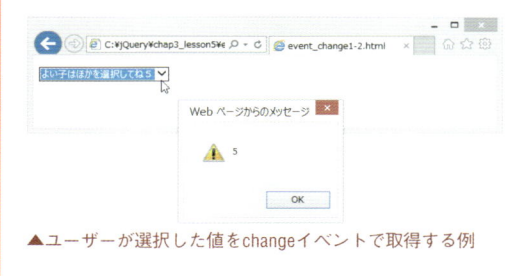

▲ユーザーが選択した値をchangeイベントで取得する例

▲hoverイベントでは、マウスオーバーとマウスアウトの際にイベントが発生する

➔ POINT

○どんなイベントがあるかイベント一覧を見ておく

○イベントの記述方法を繰り返し練習して覚えよう

○よく使うonイベントを先に覚えよう

○マウス操作で発生するイベントを覚えよう

○changeイベントでは、選択した値を取得したり、書き換えたりできる

○ユーザーが選択した値を参照するには「$(this).val()」を使う

よく使われるイベント

最初慣れないうちは、簡単なイベントから覚えるのがいいでしょう。使い方さえ理解できれば、どのイベントも使用方法は簡単にわかりますので、戸惑うことは少ないはずです。

筆者も最初は決まったイベントのみしか使いませんでした。徐々にほかのイベントを使う機会が増えて、自然と覚えていきました。一度に多くのイベントを覚える必要がないことを知っておいてください。必要なときに調べて使えればそれでいいのです。繰り返しますが、簡単でよく使うイベントのみ最初は覚えましょう。

「多くの暗記より、1つの理解です。」

詳しくは順番に解説していきますが、まずはよく使われるイベントとしてどんなものがあるのか、ざっと紹介しておきます。

表 よく使われるイベント一覧

イベント	概要
`$("セレクタ").on();`	`on`イベントは`click`、`mousedown`、`mouseup`、`change`、`load`、`keypress`など、多くのイベントを取得することできる
`$("セレクタ").one();`	`one`イベントは上記`on`イベントと同じ動作するが、取得は一度だけで、それ以上取得することがない
`$("セレクタ").off();`	`off`イベントは`on`イベントで設定したイベントを解除する
`$("セレクタ").click();`	`click`イベントを取得する
`$("セレクタ").dblclick();`	`dblclick`イベントを取得する
`$("セレクタ").mousedown();`	指定したセレクタ領域でマウスダウンした際にイベントが発生
`$("セレクタ").mouseup();`	指定したセレクタ領域でマウスアップした際にイベントが発生
`$("セレクタ").mousemove();`	指定したセレクタ領域へマウスムーブした際にイベントが発生
`$("セレクタ").mouseover();`	指定したセレクタ領域へマウスオーバーした際にイベントが発生
`$("セレクタ").hover();`	指定したセレクタ領域をマウスオーバーした際にイベントが発生
`$("セレクタ").change();`	`input`、`select`要素などによく用いられ、値が変更された時点で（またはフォーカスが外れた後に）イベントが発生
`$("セレクタ").keypress();`	指定したセレクタにフォーカスが当たり、キーボードが押された時点でイベントが発生

→ 最初に覚えるイベント　　onイベント、offイベント

それでは最初に覚えておきたい一番よく使われるイベントから紹介していきましょう。この2つを覚えれば、イベントの半分は理解できたと思ってよいほど重要なイベントです。

▶ onイベント

さまざまなイベントを自分で登録できます。以下の書式にある「イベント名」の箇所には、「click、mouseover、change…」などのイベントプロパティを指定できます。

まずは、イベント名を1つのみ記述する「単体イベント指定」のサンプルを示します。

書式：onイベント（単体イベント指定）
```
$("セレクタ").on("イベント名", function(){
    alert("イベントが実行されました");
});
```

サンプルファイル：event_on_click.html
```
(略)
<script>
$(document).ready(function(){
//この中に処理を記述　開始
    //id="click_btn"をクリックしたら中の処理を実行
    $("#click_btn").on("click", function(){
        alert("イベントが実行されました");
    });
//この中に処理を記述　終了
});
</script>
(略)
<body>
<button id="click_btn">ここをクリック</button>
</body>
(略)
```

実行結果：event_on_click.html

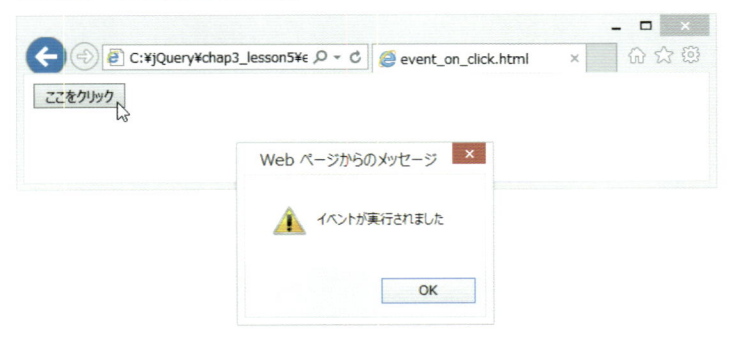

続いて、イベント名をスペース区切りで複数指定できる「複数イベント指定」のサンプルを示します。

書式：on イベント（複数イベント指定）
```
$("セレクタ").on("イベント名 イベント名", function(){
    alert("イベントが実行されました");
});
```

サンプルファイル：event_on_two.html
```
（略）
<script>
$(document).ready(function(){
//この中に処理を記述 開始
    //複数イベント指定：イベント名はスペース区切りで複数指定可能
    $("#click_btn").on("change kyepress", function(){
        alert("イベントが実行されました");
    });
//この中に処理を記述 終了
});
</script>
（略）
<body>
<select id="click_btn">
    <option value="Microsoft">Microsoft</option>
    <option value="Google">Google</option>
    <option value="Amazon">Amazon</option>
</select>
</body>
（略）
```

　実行して試してみましょう。複数のイベントが設定されているので、マウスでプルダウンメニューを変更した場合と、TABキーでフォーカスをプルダウンメニューに移動してキーボードで操作した場合の両方で、ダイアログが表示されることがわかります。

実行結果：event_on_two.html

親セレクタの中の子セレクタにイベントを付けることもできます。

書式：on イベント（親セレクタの中の子セレクタにイベント指定）

```
\$("親セレクタ").on(イベント名, "子セレクタ", function(){
    alert("イベントが実行されました");
});
```

サンプルファイル：event_on_parent.html

```html
(略)
<script>
$(document).ready(function(){
//この中に処理を記述　開始
    //親セレクタの中の子セレクタ（id="click_btn）にイベントを付ける
    $("#parent_area").on("click","#click_btn",function(){
        alert("イベントが実行されました");
    });
//この中に処理を記述　終了
});
</script>
(略)
<body>
<div id="parent_area">
    <button>ここはNG</button>
    <button id="click_btn">ここをクリック</button>
    <button>ここはNG</button>
</div>
(略)
```

実行して試してみましょう。子セレクタ「click_btn」が指定されているボタンをクリックしたときのみにイベントが発生して、ダイアログが表示されることがわかります。

実行結果：event_on_parent.html

▶ offイベント

onイベントで登録したイベントは、ページが閉じられるまで有効になります。通常はこれでよいことも多いですが、処理の途中で自分自身が登録したonイベントを解除したいこともあるでしょう。このように意図してイベントを削除できるのがoffイベントになります。

書式：off イベント

$("セレクタ").off("イベント名");

サンプルファイル：event_off_click.html

```
（略）
<script>
$(document).ready(function(){
//この中に処理を記述 開始
    //id="click_btn"をクリックしたら中のoffイベントでイベント削除
    $("#click_btn").on("click",function(){
        alert("イベントが実行されました");

    //クリックをイベント削除（2回目からクリックしても反応なし）
    $("#click_btn").off("click");
        alert("イベントが削除されました");
    });
//この中に処理を記述 終了
});
</script>
（略）
<body>
<button id="click_btn">ここをクリック</button>
</body>
（略）
```

実行して試してみましょう。2回目以降はイベントが削除されるため、ボタンをクリックしてもダイアログは表示されません。

実行結果：event_off_click.html

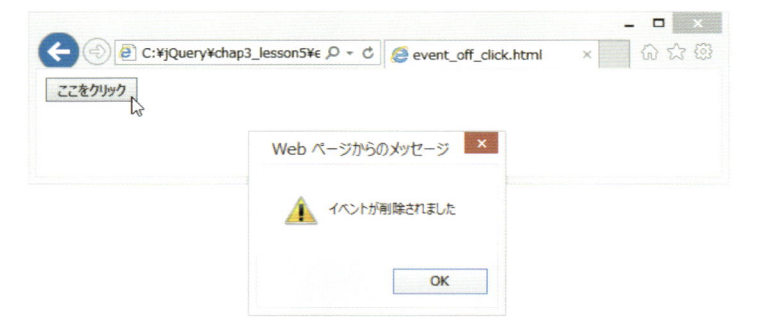

Column

onイベントの利用

onイベントでは、これまで紹介したように、たとえばclickイベントを登録する場合は、以下の書式Aのように指定します。

書式A
```
$("セレクタ").on("click", function(){
        alert("clickしました");
});
```

以降で紹介していきますが、この場合は書式Bのように書いても、まったく同じ内容、意味になります。

書式B
```
$("セレクタ").click( function(){
        alert("clickしました");
});
```

現在jQueryでは、書式Aが一般的に使用されています。理由はいくつかありますが、その1つとしてonイベントはoffイベントでonに設定したイベントを外すことができること、そしてonイベントは、appendメソッドなど「後から追加される」要素に対してもイベントを付与することが可能です。
これらは、書式Bではできません。そのため、インタラクティブにイベントを付けたり外したりすることができるonイベントに慣れて普段から使用したほうがいいでしょう。
また、こちらも以降で紹介していますが、スマートフォンのイベントを取得する際にもonイベントを使うと「$("セレクタ").on("touchstart")」などが使用可能です。書式Bのように「$("セレクタ").touchstart(function(){…」と記述しても動作しないことを覚えておきましょう。

マウスから発生するイベント

先に紹介したon／offイベント以外によく使われるイベントとして、ダブルクリックなどのマウス操作から発生するイベントがあります。それらを順番に見ていきましょう。

▶ clickイベント（クリック イベント）

指定したセレクタ領域をクリックしたときに発生するイベントです。

書式：click イベント

```
$( "セレクタ" ).click(function(){
    alert( "クリック" );
});
```

サンプルファイル：event_click.html

```
（略）
$(document).ready(function(){
//この中に処理を記述 開始
    //id="click_btn"をクリックしたら中の処理を実行
    $("#click_btn").click(function(){
        alert("クリック");
    });
//この中に処理を記述 終了
});
</script>
（略）
<body>
<button id="click_btn">ここをクリック</button>
</body>
（略）
```

実行結果：event_click.html

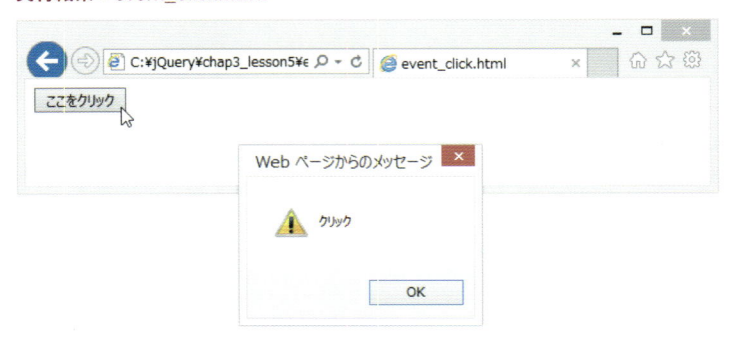

> dblclickイベント(ダブルクリック イベント)

指定したセレクタ領域をダブルクリックした際にイベントが発生します。

書式：dblclick イベント

```
$( "セレクタ" ).dblclick(function(){
     alert( "ダブルクリック" );
});
```

サンプルファイル：event_dblclick.html

```
（略）
<script>
$(document).ready(function(){
//この中に処理を記述  開始
    //id="click_btn"をダブルクリックしたら中の処理を実行
    $("#click_btn").dblclick(function(){
        alert("ダブルクリック");
    });
//この中に処理を記述  終了
});
</script>
（略）
<body>
<button id="click_btn">ここをダブルクリック</button>
</body>
（略）
```

先ほどのclickイベントとは違い、シングルクリックではダイアログは表示されませんので、試してみましょう。

実行結果：event_dblclick.html

▶ mousedownイベント(マウスダウン イベント)

指定したセレクタ領域をマウスダウンした際にイベントが発生します。

書式：mousedown イベント
```
$("セレクタ").mousedown(function(){
    alert("マウスダウン");
});
```

サンプルファイル：event_mousedown.html
```
(略)
$(document).ready(function(){
//この中に処理を記述 開始
    //id="click_btn"をマウスダウンした瞬間に処理を実行
    $("#click_btn").mousedown(function(){
        alert("マウスダウン");
    });
//この中に処理を記述 終了
});
</script>
(略)
<body>
<button id="click_btn">ここをクリック</button>
</body>
(略)
```

clickイベントとの違いがわかりにくいかもしれませんが、clickイベントではボタンを長押しした場合、離すタイミングでダイアログが表示されますが、mousedownイベントではマウスダウンした瞬間にダイアログが表示されます。

実行結果：event_mousedown.html

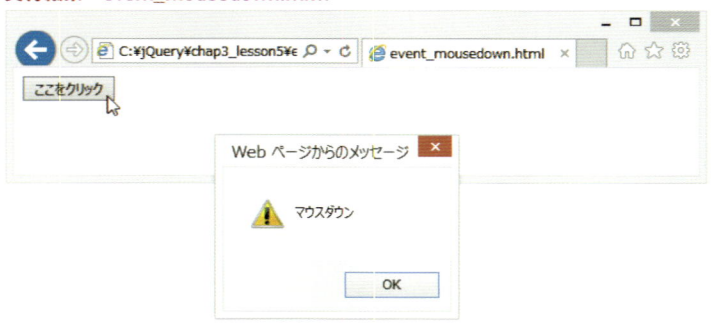

mouseupイベント（マウスアップ イベント）

指定したセレクタ領域をマウスアップした際にイベントが発生します。

書式：mouseup イベント

```
$( "セレクタ" ).mouseup(function(){
    alert( "マウスアップ" );
});
```

サンプルファイル：event_mouseup.html

```
（略）
<script>
$(document).ready(function(){
//この中に処理を記述 開始
    //id="click_btn"のマウスクリックし離した瞬間に処理を実行
    $("#click_btn").mouseup(function(){
        alert("マウスアップ");
    });
//この中に処理を記述 終了
});
</script>
（略）
<body>
<button id="click_btn">ここをクリックして離した瞬間</button>
</body>
（略）
```

実行結果：event_mouseup.html

▶ mousemoveイベント（マウスムーブ イベント）

指定したセレクタ領域をマウスムーブした際にイベントが発生します。

書式：mousemove イベント

```
$("セレクタ").mousemove(function(){
    alert("マウスムーブ");
});
```

サンプルファイル：event_mousemove.html

```
(略)
<script>
$(document).ready(function(){
//この中に処理を記述 開始
    //id="click_btn"の範囲内でマウスが動いたら処理を実行
    $("#click_btn").mousemove(function(){
        alert("マウスムーブ");
    });
//この中に処理を記述 終了
});
</script>
(略)
<body>
<button id="click_btn">ここの範囲内でマウス移動する</button>
</body>
(略)
```

実行結果：event_mousemove.html

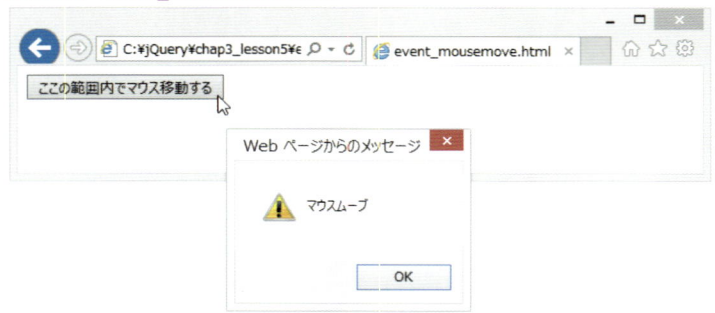

> mouseoverイベント（マウスオーバー イベント）

指定したセレクタ領域をマウスオーバーした際にイベントが発生します。

書式：mouseover イベント

```
$( "セレクタ" ).mouseover(function(){
    alert( "マウスオーバー" );
});
```

サンプルファイル：event_mouseover.html

```
（略）
<script>
$(document).ready(function(){
//この中に処理を記述　開始
    //id="click_btn"をマウスオーバーした場合に実行
    $("#click_btn" ").mouseover(function(){
        alert("マウスオーバー");
    });
//この中に処理を記述　終了
});
</script>
（略）
<body>
<button id="click_btn" ">ここをマウスオーバーする</button>
</body>
（略）
```

実行結果：event_mouseover.html

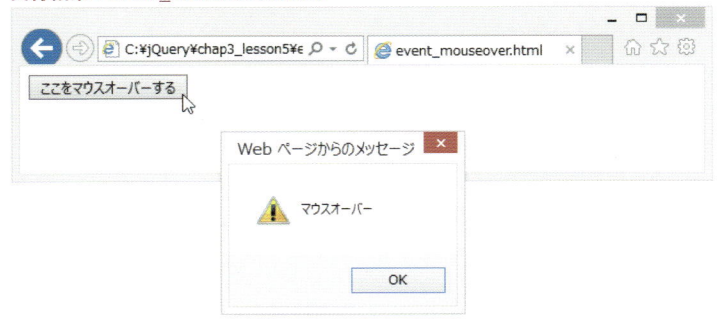

▶ hoverイベント（ホバー イベント）

指定したセレクタ領域をマウスオーバーおよびマウスアウトした際にイベントが発生します。

書式：hover イベントイベント

```
$( "セレクタ" ).hover(function(){
        function(){     //マウスを上にのせた
            $("#description").css("color","red");
        },
        function(){     ///マウスが上から外れた
            $("#description").css("color","black");
        }
);
```

サンプルファイル：event_hover.html

```
(略)
<script>
$(document).ready(function(){
//この中に処理を記述  開始
    //id="click_btn"にマウスを上にのせたとき
    $("#click_btn").hover(
        function(){  //マウスを上にのせた
            $("#description").css("color","red");
        },
        function(){  //マウスが上から外れた
            $("#description").css("color","black");
        }
    );
//この中に処理を記述  終了
});
</script>
(略)
<body>
<button id="click_btn">ここをマウスオーバーする</button>
<p id="description">マウスが上にのったら赤文字、上から外れたら黒文字</p>
</body>
(略)
```

　実行して試してみましょう。マウスオーバーすると文字の色が赤に変わり、フォーカスから外れると黒い文字になります。hoverイベントでは、マウスオーバーしたときと、フォーカスから外れたときのそれぞれでイベントが発生します。

実行結果：event_hover.html

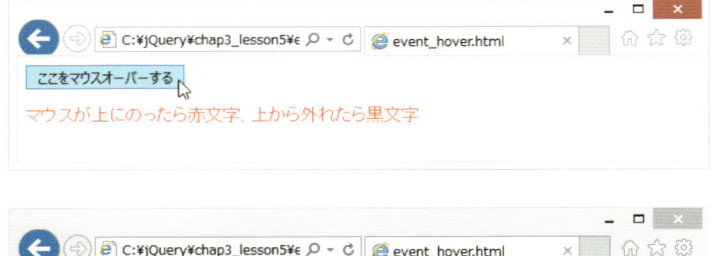

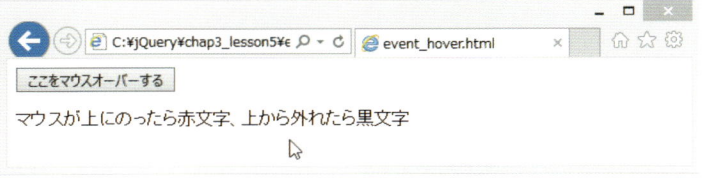

⚠ Column

イベントハンドラ内での「thisオブジェクト」とは？

ここで紹介したサンプルプログラムにあるように、「$(this)」などとセレクタに「this」を使用することがあります。この「this」は、clickやtouchstartなど、イベントハンドラ内に記述して使用されます。たとえば、以下のイベントハンドラの場合、「$(this)」は「$("body")」と同義、つまり「$(this) = $("body")」になります。

```
$("body").on("touchstart",function(){
        $(this).append("<p>TouchStart</p>");
});
```

もう一つ例を上げてみましょう。以下の場合、「$(this)」は「$("div")」と同義になります。

```
$("div").on("touchstart",function(){
        $(this).append("<p>TouchStart</p>");
});
```

イベントハンドラ内での「this」はイベントハンドラで指定したセレクタと同義になるということを知っておきましょう。JavaScriptでの「this」は関数やオブジェクトなど、さまざまな使用用途がありますが、本書ではjQueryのイベントハンドラ内での説明に留めておきます。詳しくは、「javascript this」で検索すると、Webサイトでたくさんの情報を得られます。

→ タッチ操作のイベント   touchstartイベント、touchmoveイベント、touchendfイベント

　スマートフォンやタブレットなどのタッチ操作に対応したイベントも用意されています。ここでは3つのイベントを紹介しますが、このレッスンの最初に紹介した「onイベント」のイベント名として、タッチ操作のイベントを指定します。

書式 touchstart イベント（タッチの開始）

```
$("セレクタ").on("touchstart",function(){
    $("セレクタ").append("<p>TouchStart</p>");
});
```

書式 touchmove イベント（タッチしながら移動）

```
$("セレクタ").on("touchmove",function(){
    $("セレクタ").append("<p>TouchStart</p>");
});
```

書式 touchend イベント（タッチの終了）

```
$("セレクタ").on("touchend",function(){
    $("セレクタ").append("<p>TouchStart</p>");
});
```

サンプルファイル：event_touch.html

```html
<!DOCTYPE html>
<html>
<head>
<meta charset="UTF-8">
<meta name="viewport" content="width=device-width,initial-scale=1.0">
<title>event_touch.html</title>
<style>body{height: 1000px; width: 100%; background-color: #000; color:#fff; font-size:16px}</style>
<script src="http://code.jquery.com/jquery-2.1.1.min.js"></script>
<script>
$(document).ready(function(){
//この中に処理を記述 開始
    //touchstart [タッチした最初にイベントが発生]
    $("body").on("touchstart",function(){
        $(this).append("<p>TouchStart</p>");
    });

    //touchmove [タッチしながら移動しているときにイベントが発生]
    $("body").on("touchmove",function(){
        $(this).append("<p>touchmove...</p>");
    });
```

```
    //touchend［タッチを離した時にイベントが発生］
    $("body").on("touchend",function(){
        $(this).append("<p>TouchEnd</p>");
    });
//この中に処理を記述　終了
});
</script>
</head>
<body>
<h1>タッチテスト（スマートフォンで確認）</h1>
</body>
</html>
```

実行結果：event_touch.html

チェンジ イベント　　　　　　　　　　　　changeイベント

　input、select要素などによく用いられ、値が変更された時点で（またはフォーカスが外れた後に）イベントが発生します。このイベントはマウス操作だけでなく、キーボードの操作でも同様のイベントが発生します。このイベントもよく使われるイベントの1つです。

書式：change イベント

```
$( "セレクタ" ).change(function(){
        alert( "チェンジ" );
});
```

サンプルファイル：event_change1-1.html

```html
<!DOCTYPE html>
<html>
<head>
<meta charset="UTF-8">
<title>event_change1-1.html</title>
<style>input{width:300px;}</style>
<script src="http://code.jquery.com/jquery-2.1.1.min.js"></script>
<script>
$(document).ready(function(){
//この中に処理を記述 開始
    //id="click_btn"に変更があったら処理を実行
    $("#change_sct").change(function(){
        alert("チェンジ");
    });
//この中に処理を記述 終了
});
</script>
</head>
<body>
<p>
<!--
同じ値をセレクトした場合は変更がないため、changeイベントは動作しません
-->
<select id="change_sct">
    <option value="1">よい子はほかを選択してね1</option>
    <option value="2">よい子はほかを選択してね2</option>
    <option value="3">よい子はほかを選択してね3</option>
    <option value="4">よい子はほかを選択してね4</option>
    <option value="5">よい子はほかを選択してね5</option>
    <option value="6">よい子はほかを選択してね6</option>
</select>
</p>
</body>
</html>
```

実行結果：event_change1-1.html

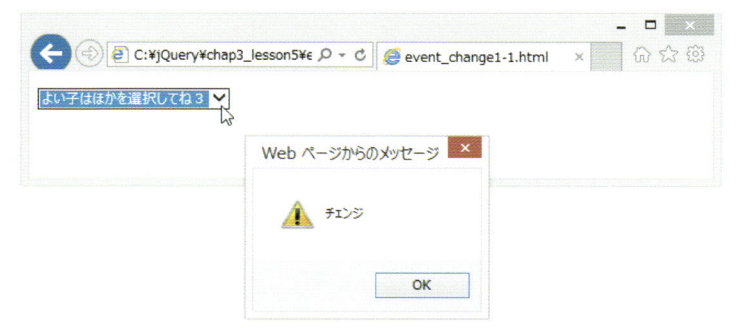

チェンジ イベントで選択した値を取得する

　先の例で、ユーザーが変更した値を取得するサンプルを示します。これも、Webサイトでよく使われるサンプルですので、しっかり覚えておきましょう。

書式：change イベント（値の取得）

```
$( "セレクタ" ).change(function(){
    alert( $(this).val()); //変更された場所の値を参照し、アラート
});
```

サンプルファイル：event_change1-2.html

```
<!DOCTYPE html>
<html>
<head>
<meta charset="UTF-8">
<title>event_change1-2.html</title>
<style>input{width:300px;}</style>
<script src="http://code.jquery.com/jquery-2.1.1.min.js"></script>
<script>
$(document).ready(function(){
//この中に処理を記述　開始
    //id="click_btn"に変更があったら処理を実行
    $("#change_sct").change(function(){
        //選択した値を取得し、アラート表示
        alert($(this).val());
    });
//この中に処理を記述　終了
});
</script>
</head>
<body>
```

```html
<p>
<!--
同じ値をセレクトした場合は変更がないため、changeイベントは動作しません
-->
<select id="change_sct">
    <option value="1">よい子はほかを選択してね1</option>
    <option value="2">よい子はほかを選択してね2</option>
    <option value="3">よい子はほかを選択してね3</option>
    <option value="4">よい子はほかを選択してね4</option>
    <option value="5">よい子はほかを選択してね5</option>
    <option value="6">よい子はほかを選択してね6</option>
</select>
</p>
</body>
</html>
```

　実行して試してみましょう。先ほどの例とは違い、ユーザーがプルダウンメニューから選択した数値がダイアログに表示されます。

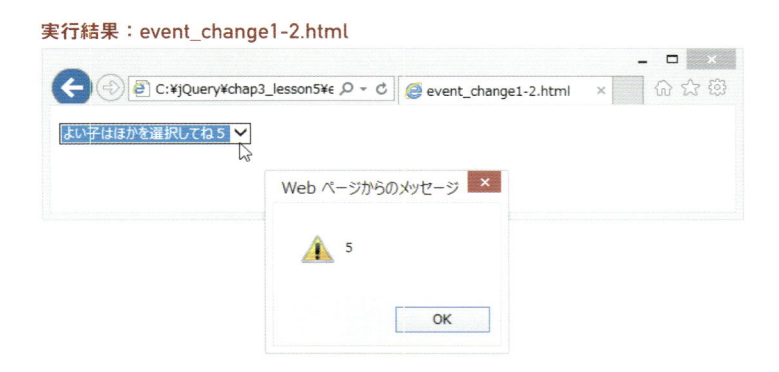

実行結果：event_change1-2.html

　再度ソースコードを見てください。ここで、JavaScriptでよく使われる重要なポイントがあります。それは「$(this)」という記述です。

　「"$(this)"」はイベントが発生した元の要素を意味します。このサンプルでは「$("#change_sct").change(…)」でイベントが発生しているので、HTML要素「id="change_sct"」がイベント元になっています。つまり、「"$(this)"」は、id="change_sct"（セレクトボックス）になります。そして、「.val();」は値の参照という意味です。

　　$(this).val()　→「ユーザーが選択した値を参照する」

　ユーザーが選択した値を取得したいときに、よく使われる書式なので、しっかりと覚えましょう。

チェンジ イベントで値を書き換える

さらにもう1つチェンジ イベントでよく使われるサンプルを紹介します。チェンジ イベントが発生したら、値をJavaScriptで書き換える例です。これも、Webサイトでよく使われるサンプルですので、しっかり覚えておきましょう。

書式：change イベント（値を書き換える）

```
$("セレクタ").change(function(){
    alert("チェンジ、テキスト");
});
```

サンプルファイル：event_change_text.html

```html
<style>input{width:300px;}</style>
<script src="http://code.jquery.com/jquery-2.1.1.min.js"></script>
<script>
$(document).ready(function(){
//この中に処理を記述 開始
    //id="click_btn"に変更があったら処理を実行
    $("#change_text").change(function(){
        alert("チェンジ、テキスト");
    });
//この中に処理を記述 終了
});
</script>
</head>
<body>
<p>
TextBoxに文字を入力したら、何もない箇所をクリックしてね！<br>
<input type="text" id="change_text" placeholder="例）12345">
</p>
</body>
</html>
```

実行結果：event_change_text.html

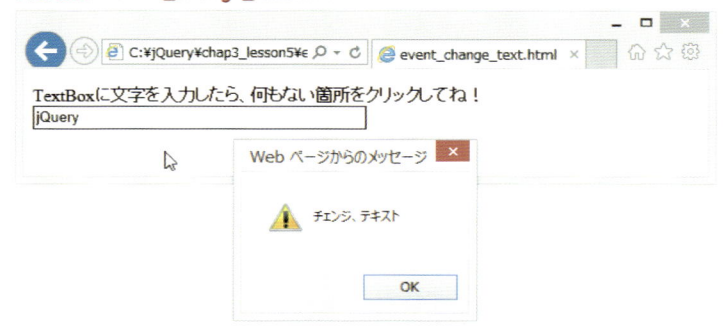

その他のイベント

　on、off、click、mousedownなど、よく使われるイベントを紹介してきましたが、それ以外にもイベントがあります。基本的な使い方はこれまで説明してきたイベントと同じですが、それ以外のイベントも紹介しておきます。

▶ keypressイベント（キープレス イベント）

　キーボードが押されたタイミングで実行されるイベントです。なお、指定したセレクタにフォーカスが当たっていないと実行されません。

書式：keypress イベント

```
$("セレクタ").keypress(function(){
    alert("キーを押しました");
});
```

サンプルファイル：event_keypress.html

```
（略）
$(document).ready(function(){
//この中に処理を記述 開始
    //キーボードを押したイベント
    $("body").keypress(function(){
        alert("キーボードが押された");
    });
//この中に処理を記述 終了
});
</script>
（略）
<body>
<p>キーボードを押して見よう！</p>
</body>
（略）
```

実行結果：event_keypress.html

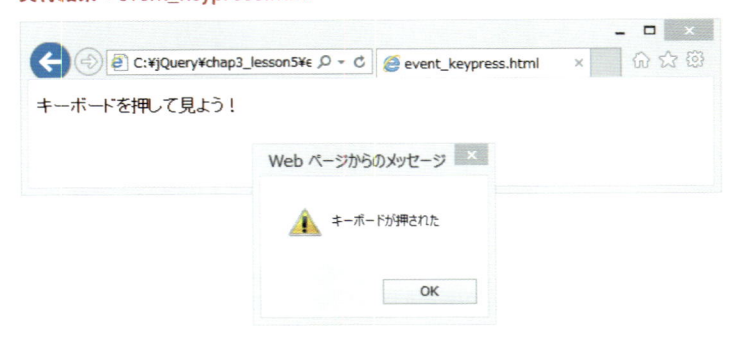

focusイベント

セレクタにフォーカスが当たったタイミングで実行されるイベントです。マウス操作だけでなく、キーボード操作でもイベントは発生します。

書式：focus イベント

```
$("セレクタ").focus(function(){
    alert("フォーカスが当りました。");
});
```

サンプルファイル：event_focus.html

```
（略）
<script>
$(document).ready(function(){
//この中に処理を記述　開始
    //セレクタにフォーカスが当たったタイミングで処理を実行
    $("#name").focus(function(){
        alert("名前フィールドにフォーカスが当たりました。");
    });
    $("#email").focus(function(){
        alert("Emailフィールドにフォーカスが当たりました。");
    });
//この中に処理を記述　終了
});
</script>
（略）
<body>
<p>名前:<input type="text" id="name" value="ここをクリックしてフォーカスを当てます"></p>
<p>Email:<input type="text" id="email" value="ここをクリックしてフォーカスを当てます"></p>
</body>
（略）
```

実行結果：event_focus.html

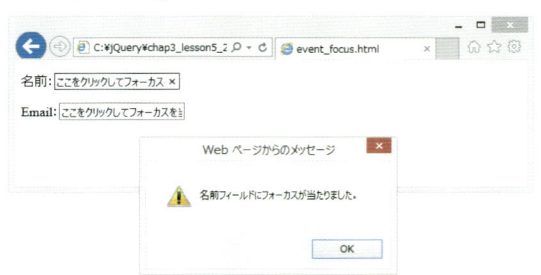

▶ blurイベント

focusイベントとは逆に、セレクタからフォーカスが外れたタイミングで実行されます。マウス操作だけでなく、キーボード操作でもイベントは発生します。

書式：blur イベント

```
$("セレクタ").blur(function(){
    alert("フォーカスが外れました");
});
```

サンプルファイル：event_blur.html

```
(略)
<script>
$(document).ready(function(){
//この中に処理を記述 開始
    //セレクタからフォーカスが外れたタイミングで処理を実行
    $("#name").blur(function(){
        alert("名前からフォーカスが外れました。");
    });
    $("#email").blur(function(){
        alert("Emailからフォーカスが外れました。");
    });
//この中に処理を記述 終了
});
</script>
(略)
<body>
<p>名前：<input type="text" id="name" value="フォーカスが外れると実行"></p>
<p>Email：<input type="text" id="email" value="フォーカスが外れると実行"></p>
</body>
(略)
```

実行結果：event_blur.html

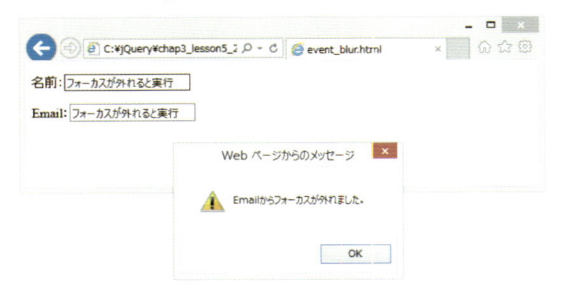

▶ resizeイベント

resizeイベントは、Webブラウザのウィンドウサイズが変更されたタイミングで実行されます。

書式：resize イベント

```
$(window).resize(function(){
    alert( "Windowサイズが変わった" );
});
```

サンプルファイル：event_resize.html

```
（略）
<script>
$(document).ready(function(){
//この中に処理を記述 開始
    //Windowをリサイズした時点で文字の色が赤に変更される
    $(window).resize(function(){
        $("h1").css("color","#f00");
    });
//この中に処理を記述 終了
});
</script>
（略）
<body>
<h1>リサイズ</h1>
</body>
（略）
```

実行結果：event_resize.html

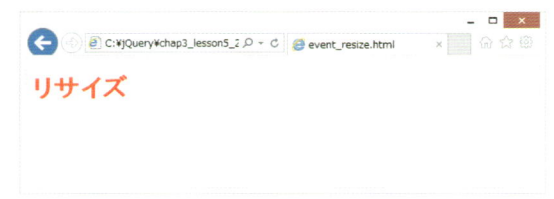

scrollイベント

scrollイベントは、Webページがスクロールされたタイミングで実行されます。

書式：scroll イベント

```
$(window).scroll(function(){
    alert("スクロールしました。");
});
```

サンプルファイル：event_scroll.html

```
（略）
<style>div{height:1000px;}</style>
<script src="http://code.jquery.com/jquery-2.1.1.min.js"></script>
<script>
$(document).ready(function(){
//この中に処理を記述　開始
    //Window内をスクロールした時点で文字の色が赤に変更される
    $(window).scroll(function(){
        $("div").css("color","#f00");
    });
//この中に処理を記述　終了
});
</script>
（略）
<body>
<div>
    スクロール<br>
    スクロール<br>
    スクロール<br>
（略）
    スクロール<br>
    スクロール<br>
    スクロール<br>
</div>
</body>
（略）
```

実行結果：event_scroll.html

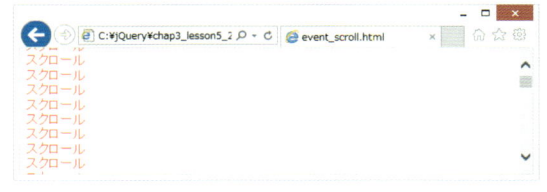

「windowオブジェクト」とは？

先に紹介したresizeイベントやscrollイベントでは、セレクタに「$(window)」が設定されていますが、これはブラウザのwindow（ウィンドウ）の情報を取得するのに使用するものです。

window情報では、先ほどのサンプルにあったようにスクロールやリサイズなどのイベントを拾えるほかにも、「現在開いているWebページのURL取得」「ブラウザ画面の拡縮率」「現在開いているWebページのウィンドウの縦横幅」などwindowに関する情報を取得することが可能です。

どのようにwindowオブジェクトから情報を取得するのか、その一例をサンプルで紹介します。

サンプルファイル：event_window.html

```
（略）
<script>
$(document).ready(function(){
//この中に処理を記述 開始
    //表示されているURLを取得
    $("body").append("<p>表示されているページのURL："+window.location+"</p>");

    //ブラウザ画面の拡縮率（1.0＝100％の表記 ※確認には変更後にリロードが必要）
    $("body").append("<p>ブラウザ画面の拡縮率："+window.devicePixelRatio+"</p>");

    //ウィンドウ内の横幅
    $("body").append("<p>ウインドウ横幅："+window.innerWidth+"</p>");

    //ウィンドウ内の縦幅
    $("body").append("<p>ウインドウ縦幅："+window.innerHeight+"</p>");
//この中に処理を記述 終了
});
</script>
（略）
```

実行結果：event_window.html

表示されているページのURL：file:///C:/jQuery/chap3_lesson5_2/event_window.html
ブラウザ画面の拡縮率：1
ウインドウ横幅：624
ウインドウ縦幅：294

⚠ Column

DOMについて

DOMとは、「Document Object Model」の略語で、HTMLやXML文書のためのプログラミング・インターフェースです。

本書はWebデザイナーを主な対象とする書籍のため、あえて「DOM」という言葉は使っていませんでした。ただ、これから「jQuery」や「JavaScript」をほかの書籍やWebサイトで学んでいく際には、頻繁に出てくる用語ですので、ここで簡単に説明しておきます。

DOMは、HTMLの構造をツリー構造に見立ててすべての要素に対してアクセスしやすいようにしてくれます。ブラウザがWebページ（HTML/CSS/JavaScript）を読み込んだ際に、ツリー構造が作成されます。以下の例を見るとわかりやすいでしょう。

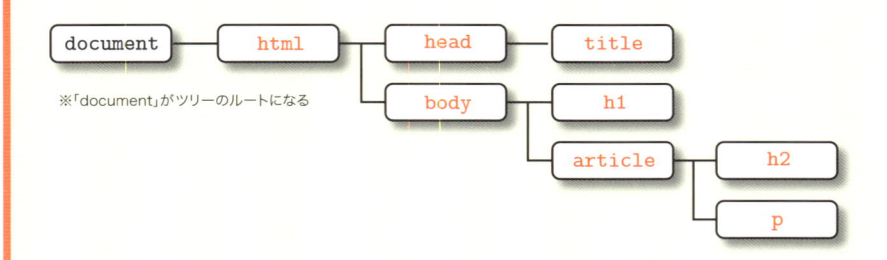

```html
<html>
<head>
<title>DOM.html</title>
</head>
<body>
        <h1>ページの見出し</h1>
        <article>
                <h2>記事の見出し</h2>
                <p>記事の内容…</p>
        </article>
</body>
</html>
```

```
document ─ html ─┬─ head ── title
                 │
                 └─ body ─┬─ h1
                         │
                         └─ article ─┬─ h2
                                     │
                                     └─ p
```
※「document」がツリーのルートになる

これは簡単な例ですが、どんなに複雑なWebページでも、このようにツリー構造で表すことができます。このツリーをたどっていくことで、要素にアクセスすることができるのです。

HTMLファイルを眺めてみただけではツリー構造がわかりにくいので、最近のモダンブラウザには、DOMのツリー構造を目で確認できるツールが備わっています。準備編で紹介したInternet Explorerの「F12開発者ツール」やChromeブラウザの「デベロッパーツール」です。

IEでは、「F12開発者ツール」の「DOM Explorer」でDOMツリーを表示することができます。

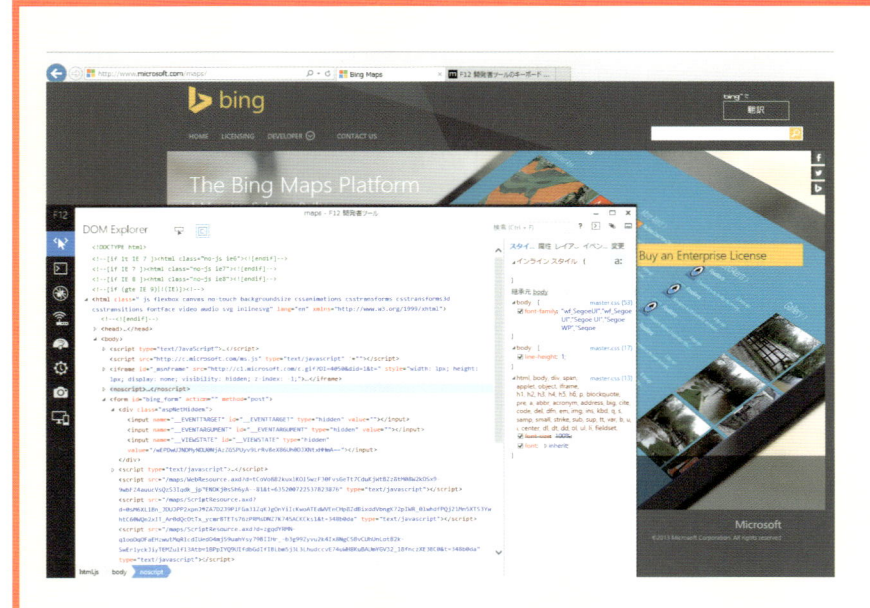

Chromeブラウザでは、「デベロッパーツール」の「Elements」でDOMツリーを表示できます。

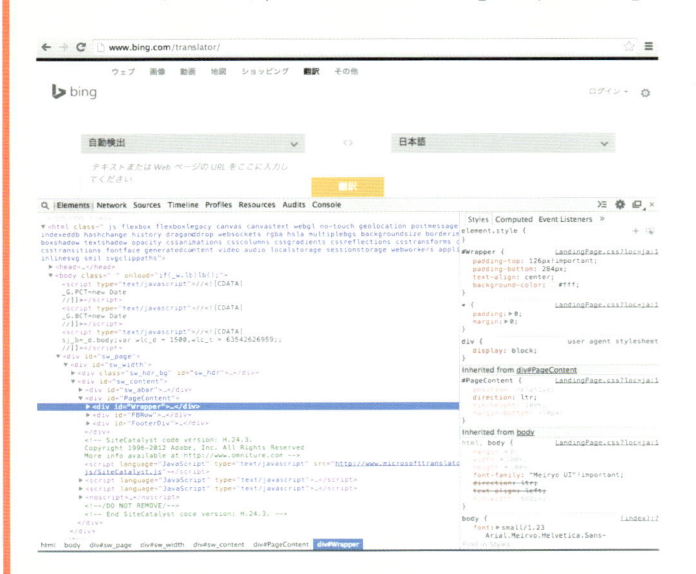

本書で言えばjQueryのセレクタを利用してHTML文書内の各要素にアクセスするために、DOMは必須のインターフェースとなっています。DOMを使ってJavaScript（jQuery）からDOMツリーを操作することで、HTMLの構造の追加・変更・削除などが可能になっているのです。

jQueryを使っていくと、DOMのツリー構造など基本的な仕組みを自然と学ぶことになります。プログラムからHTMLの構造と属性・スタイル・文章などへアクセスするインターフェースとして、DOMがあることを理解しておきましょう。

Chapter 3 jQueryの基礎知識

jQuery　LESSON BOOK

基礎編

Chapter 4

実践的なメソッドとアニメーション

chapter 3では、「セレクタ」「メソッド」「イベント」について実際にサンプルプログラムを動かしながら、学んできました。この3つをしっかりマスターすれば、jQueryの基本は理解できたと思ってよいでしょう。あとはここから積み上げていけばよいのです。この章では、さまざまな視覚効果を表現できる実践的なメソッドや、インパクトのある動きが表現できるアニメーションについて取り上げていきます。

Lesson 1 Chapter 4

実践的な
メソッド

基本的なメソッドの理解が深まったら、次はよく使用されるメソッドを実際に学んでいきます。基本的なメソッドは追加・変更・削除などの単体処理でしたが、これから紹介する実践的なメソッドは、メソッドを実行するだけで、複数処理を実行するメソッドです。
たった1行のメソッドを書くだけで、DIVタグの領域がフェードアウトしたり、フェードインしてきたりと、とても便利なものが用意されています。使い方はメソッドなので、Chapter3と同様の記述方法で使えるため合わせて確認して学んでいけば習得しやすくなります。

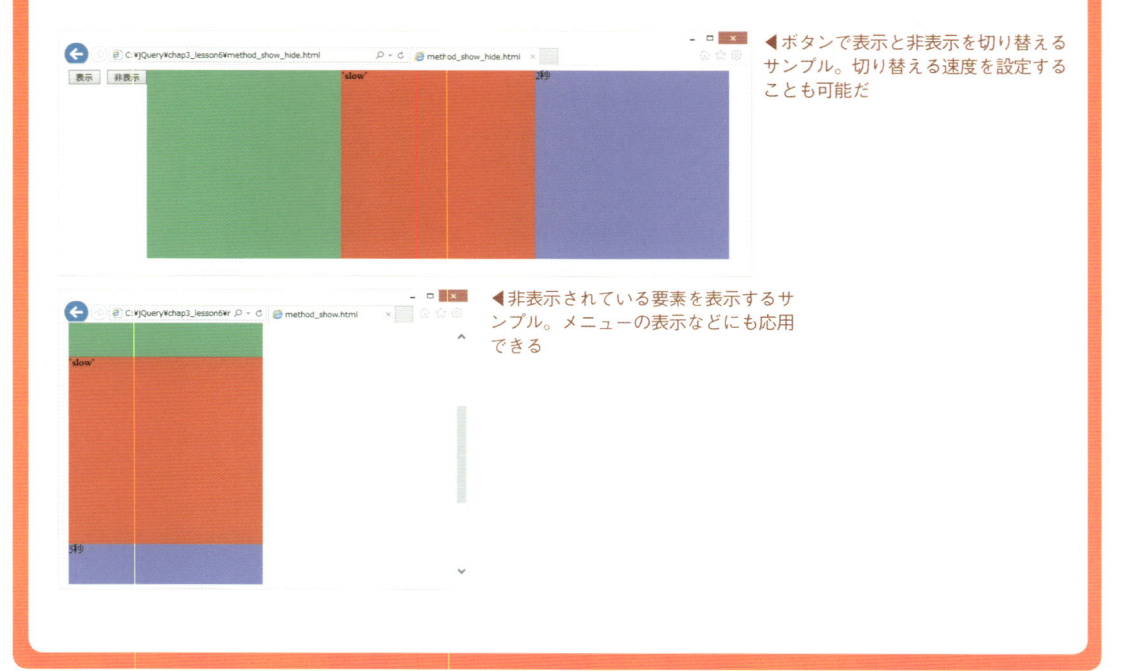

◀ボタンで表示と非表示を切り替えるサンプル。切り替える速度を設定することも可能だ

◀非表示されている要素を表示するサンプル。メニューの表示などにも応用できる

➔ POINT

○便利な実践的なメソッドを覚えて、使いこなそう

○要素を表示／非表示にする→hide／showメソッド

○フェードアウト／フェードインを実現する→fadeOut／fadeInメソッド

○スライダの効果を実現する→slideDown／slideUp／slideToggleメソッド

○イベントをメソッド側から実行する→triggerメソッド

このレッスンで紹介する便利なメソッド

それでは最初にこのレッスンで紹介するメソッドを以下の表にまとめておきます。詳細は1つ1つサンプルコードとともに示していきますので、このレッスンでどのようなメソッドを学習するかを、以下の表でざっと確認してください。

表 よく使われるイベント一覧

メソッド	概要
$("セレクタ").hide();	要素を非表示する
$("セレクタ").show();	要素を表示する
$("セレクタ").fadeOut();	フェードアウトのエフェクトで要素を非表示
$("セレクタ").fadeIn();	フェードインのエフェクトで要素を表示
$("セレクタ").slideDown();	スライドダウンのエフェクトで要素を非表示
$("セレクタ").slideUp();	スライドアップのエフェクトで要素を表示
$("セレクタ").slideToggle();	状態がUpであればDown、DownであればUpと自動で処理するメソッド
$("セレクタ").trigger("イベント名");	イベントをメソッド側から実行する

表示されている要素を非表示にする（基礎）　　hideメソッド

要素を非表示にするhideメソッドは、主にレイアウトなどで一部折りたたみのように非表示にすることで多くの情報を1画面で収めることに使用したり、画面上にポップアップ表示した要素などを非表示したりすることに使用されています。

またスマートフォンサイトでは、メニューを表示する領域がないので、最初から非表示にしておき、ボタンをタップ（クリック）するとメニューが表示され、もう一度タップすると非表示になる開閉式のメニュー等にも使用します。

hideメソッドは、3種類の書き方ができます。以下のサンプルでは、横幅、高さ、透明度を変えながら非表示にしていきます。

書式：hide メソッド

```
$("セレクタ").hide();            //即座に非表示
$("セレクタ").hide('fast');       // "slow"、"normal"、"fast" のいずれかを記述
$("セレクタ").hide(1000);         //記述した秒数に合わせて非表示。1000は1秒
```

サンプルファイル：method_hide.html

```
（略）
$(document).ready(function(){
//この中に処理を記述 開始
    $("#hide_area1").hide();             //即座に非表示
    $("#hide_area2").hide('slow');       //スローで非表示
    $("#hide_area3").hide(10000);        //10秒かけて非表示
//この中に処理を記述 終了
});
</script>
<style>
#hide_area1{width: 300px; height: 300px; background-color: #5ab270;}
#hide_area2{width: 300px; height: 300px; background-color: #e53131;}
#hide_area3{width: 300px; height: 300px; background-color: #987cff;}
</style>
（略）
<body>
<div id="hide_area1"></div>
<div id="hide_area2">' slow' </div>
<div id="hide_area3">10秒</div>
</body>
（略）
```

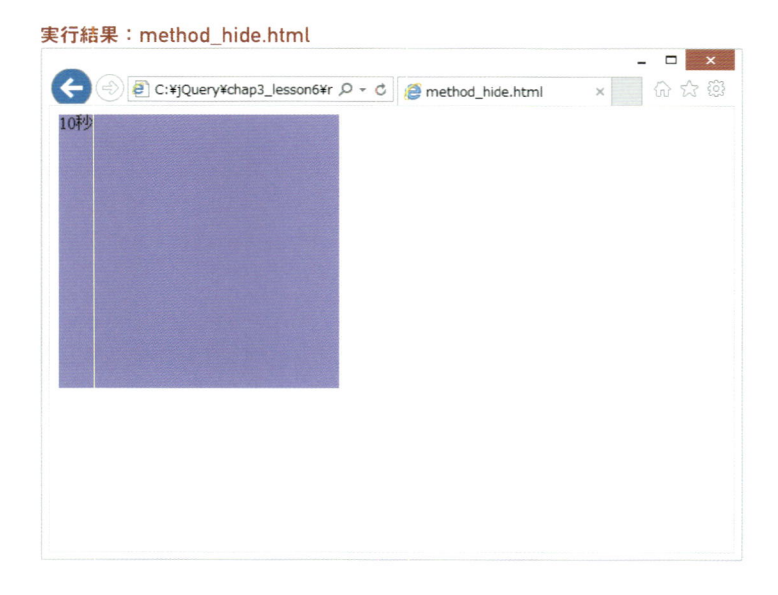

実行結果：method_hide.html

非表示されている要素を表示にする（基礎） showメソッド

　要素を表示するshowメソッドは、主にレイアウトなどで一部折りたたみのように非表示にしてあるものを、クリックして表示する際に使用したり、画面上にポップアップ表示する際にも使用します（この場合は最初からポップアップ表示する要素をhideメソッドかCSSの「display:none;」で非表示にしておく必要がある）。

　またスマートフォンサイトでは、メニューを表示する領域がないので、最初から非表示にしておき、ボタンをタップ（クリック）するとメニューが表示される開閉式のメニュー等にも使用します。

　showメソッドは、3種類の書き方ができます。以下のサンプルでは、横幅、高さ、透明度を変えながら表示していきます。

書式：show メソッド

```
$("セレクタ").show()               //即座に表示
$("セレクタ").show('fast');         // "slow"、"normal"、"fast" のいずれかを記述
$("セレクタ").show(5000);           //記述した秒数に合わせて表示。5000は5秒
```

サンプルファイル：method_show.html

```
(略)
<script>
$(document).ready(function(){
//この中に処理を記述　開始
    $("#show_area1").show();            //即座に表示
    $("#show_area2").show('slow');      //スローで表示
    $("#show_area3").show(5000);        //5秒かけて表示
//この中に処理を記述　終了
});
</script>
<style>
#show_area1{display: none; width: 300px; height: 300px; background-color: #5ab270;}
#show_area2{display: none; width: 300px; height: 300px; background-color: #e53131;}
#show_area3{display: none; width: 300px; height: 300px; background-color: #987cff;}
</style>
(略)
<body>
<div id="show_area1"></div>
<div id="show_area2">' slow' </div>
<div id="show_area3">5秒</div>
</body>
(略)
```

実行結果：method_show.html

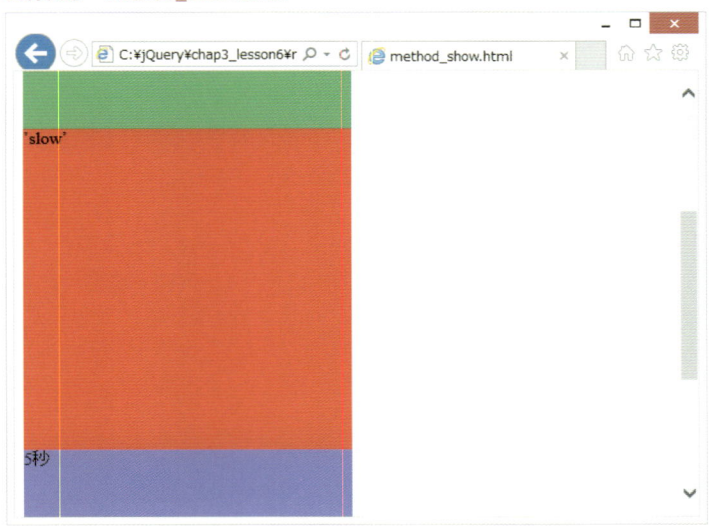

Column

jQueryの対応ブラウザの確認

jQueryライブラリは年々アップデートされ、バージョンが上がっていきます。ここで問題になるのは、各ブラウザのバージョンごとの対応です。使用するjQueryのバージョンをアップデートする際は、対応ブラウザの状況を確認しておきましょう。

以下のWebページの先頭に「Current Active Support」というカテゴリがあり、各ブラウザの対応バージョンが確認できます。jQueryのバージョンを上げる際には、必ず一読し確認することが重要です。

●jQueryのブラウザサポート情報
http://jquery.com/browser-support/

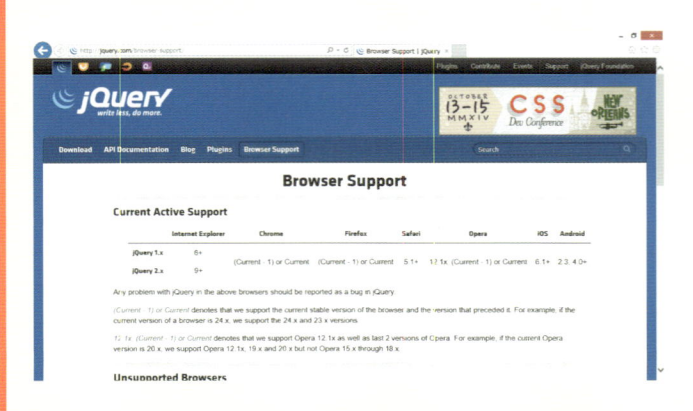

実践的なメソッド | Lesson 1

→「表示・非表示」をclickイベントで実装（応用）　showメソッド、hideメソッド

　要素を表示するshowメソッドと、要素を非表示にするhideメソッドを組み合わせたサンプルを紹介します。折りたたみの要素を非表示にしてあるので、「表示」ボタンをクリックして非表示になっている要素を表示させます。また、表示された要素を「非表示」ボタンで非表示にします。
　WebサイトやWebアプリケーションではよく見る開閉式のアクションです。このようにjQueryのshow／hideのメソッドを利用することで、これらも簡単に作成することができます。

サンプルファイル：method_show_hide.html

```
（略）
<script>
$(document).ready(function(){
//この中に処理を記述 開始
    //表示ボタンをクリックした場合
    $("#show_btn").on("click",function(){
        $("#hide_area1").show();            //即座に表示
        $("#hide_area2").show('slow');      //スローで表示
        $("#hide_area3").show(2000);        //5秒かけて表示
    });
    //非表示ボタンをクリックした場合
    $("#hide_btn").on("click",function(){
        $("#hide_area1").hide();            //即座に非表示
        $("#hide_area2").hide('slow');      //スローで非表示
        $("#hide_area3").hide(2000);        //2秒かけて非表示
    });
//この中に処理を記述 終了
});
</script>
<style>
div{float: left;}
#hide_area1{display: none; width: 300px; height: 300px; background-color: #5ab270;}
#hide_area2{display: none; width: 300px; height: 300px; background-color: #e53131;}
#hide_area3{display: none; width: 300px; height: 300px; background-color: #987cff;}
</style>
（略）
<body>
<div><button id="show_btn">表示</button>  <button id="hide_btn">非表示</button></div>
<div id="hide_area1"></div>
<div id="hide_area2">' slow' </div>
<div id="hide_area3">2秒</div>
</body>
（略）
```

実行結果：method_show_hide.html

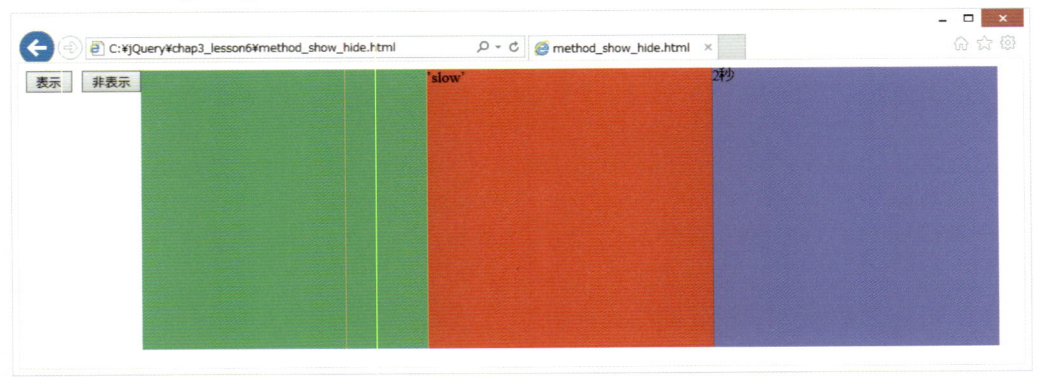

→ **表示されている要素をフェードアウトする（基礎）　　fadeOutメソッド**

　要素を非表示にするhideメソッドとほぼ同じですが、fadeOutメソッドはフェードアウト（透明になりながら消える）のアニメーションをしながら非表示にします。ポップアップ表示した要素などを非表示にしたりする際に使用されています。
　fadeOutメソッドは、3種類の書き方ができます。以下のサンプルでは、速度を変えながら非表示にしていきます。

書式：fadeOut メソッド

```
$( "セレクタ" ).fadeOut();           //即座に非表示
$( "セレクタ" ).fadeOut( 'fast' );   // "slow"、"normal"、"fast" のいずれかを記述
$( "セレクタ" ).fadeOut(1000);       //記述した秒数に合わせて非表示。1000は1秒
```

サンプルファイル：method_fadeout.html

```
(略)
<script>
$(document).ready(function(){
//この中に処理を記述　開始
    $("#hide_area1").fadeOut();            //即座に非表示
    $("#hide_area2").fadeOut('slow');      //スローで非表示
    $("#hide_area3").fadeOut(5000);        //5秒かけて非表示
//この中に処理を記述　終了
});
</script>
<style>
div{float: left; width: 300px; height: 300px;}
#hide_area1{background-color: #5ab270;}
#hide_area2{background-color: #e53131;}
#hide_area3{background-color: #987cff;}
</style>
(略)
```

```
<body>
<div id="hide_area1"></div>
<div id="hide_area2">' slow' </div>
<div id="hide_area3">5秒</div>
</body>
 (略)
```

実行結果：method_fadeout.html

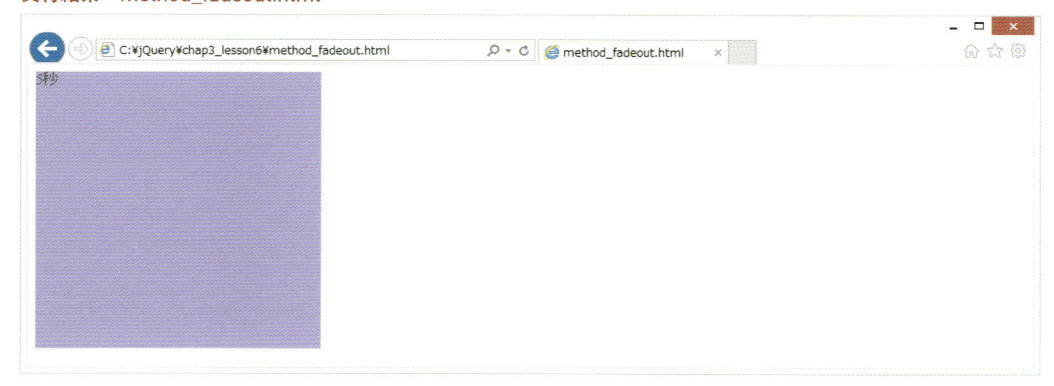

非表示されている要素をフェードインする(基礎)　　fadeInメソッド

要素を表示にするshowメソッドとほぼ同じですが、fadeInメソッドはフェードイン（透明度0%から100%）のアニメーションをしながら表示します。要素を画面上にポップアップ表示する際に使用したりします。また、スライドのような機能として画像を表示する際にも効果的です。

fadeInメソッドは、3種類の書き方ができます。以下のサンプルでは、速度を変えながら表示していきます。

書式：fadeIn メソッド

```
$("セレクタ").fadeIn();           //即座に表示
$("セレクタ").fadeIn('fast');     // "slow"、"normal"、"fast" のいずれかを記述
$("セレクタ").fadeIn(5000);       //記述した秒数に合わせて表示。5000は5秒
```

サンプルファイル：method_fadein.html

```
（略）
<script>
$(document).ready(function(){
//この中に処理を記述 開始
    $("#show_area1").fadeIn();          //即座に表示
    $("#show_area2").fadeIn('slow');    //スローで表示
    $("#show_area3").fadeIn(5000);      //5秒かけて表示
//この中に処理を記述 終了
});
</script>
<style>
div{float: left; width: 300px; height: 300px; display: none;}
#show_area1{background-color: #5ab270;}
#show_area2{background-color: #e53131;}
#show_area3{background-color: #987cff;}
</style>
（略）
<body>
<div id="show_area1"></div>
<div id="show_area2">' slow' </div>
<div id="show_area3">5秒</div>
</body>
（略）
```

実行結果：method_fadein.html

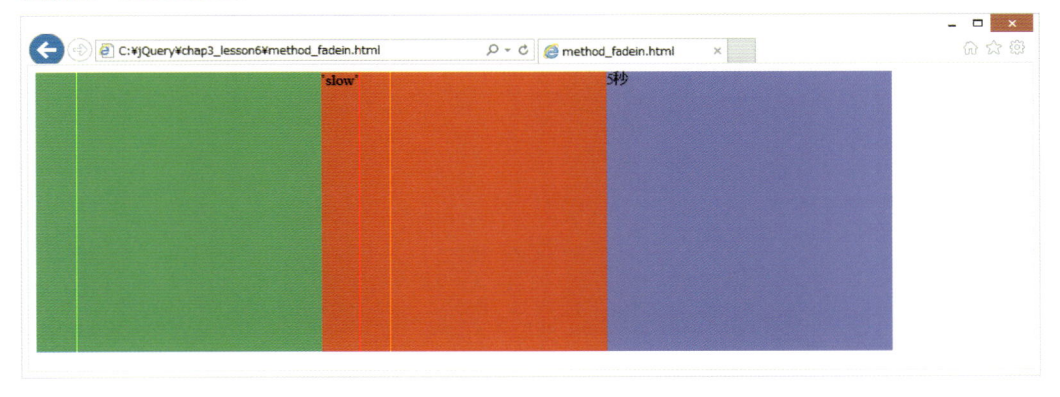

非表示しているHTML要素をスライドダウンで表示(基礎)　slideDownメソッド

要素を表示にするshowメソッドとほぼ同じですが、slideDownメソッドはスライドダウン(要素が下に下がって消える)のアニメーションをしながら表示します。

slideDownメソッドは、3種類の書き方ができます。以下のサンプルでは、速度を変えながら表示していきます。

書式：slideDown メソッド

```
$("セレクタ").slideDown();           //即座に表示
$("セレクタ").slideDown('fast');     // "slow"、"normal"、"fast" のいずれかを記述
$("セレクタ").slideDown(5000);       //記述した秒数に合わせて表示。5000は5秒
```

サンプルファイル：method_slideDown.html

```html
(略)
$(document).ready(function(){
//この中に処理を記述 開始
    $("#show_area1").slideDown();           //即座に表示
    $("#show_area2").slideDown('slow');     //スローで表示
    $("#show_area3").slideDown(5000);       //5秒かけて表示
//この中に処理を記述 終了
});
</script>
<style>
div{float: left;}
#show_area1{display: none; width: 300px; height: 300px; background-color: #5ab270;}
#show_area2{display: none; width: 300px; height: 300px; background-color: #e53131;}
#show_area3{display: none; width: 300px; height: 300px; background-color: #987cff;}
</style>
(略)
<body>
<div id="show_area1"></div>
<div id="show_area2">' slow' </div>
<div id="show_area3">5秒</div>
</body>
(略)
```

実行結果：method_slideDown.html

表示しているHTML要素をスライドアップで非表示(基礎)　slideUpメソッド

　要素を非表示にするhideメソッドとほぼ同じですが、slideUpメソッドはスライドアップ（要素が上に上がって消える）のアニメーションをしながら非表示します。

　slideUpメソッドは、3種類の書き方ができます。以下のサンプルでは、速度を変えながら表示していきます。

書式：slideUp メソッド

```
$( "セレクタ" ).slideUp();           //即座に非表示
$( "セレクタ" ).slideUp( 'fast' );   // "slow"、"normal"、"fast" のいずれかを記述
$( "セレクタ" ).slideUp(5000);       //記述した秒数に合わせて表示。5000は5秒
```

サンプルファイル：method_slideUp.html

```
（略）
<script>
$(document).ready(function(){
//この中に処理を記述 開始
    $("#hide_area1").slideUp();              //即座に非表示
    $("#hide_area2").slideUp('slow');        //スローで非表示
    $("#hide_area3").slideUp(5000);          //5秒かけて非表示
//この中に処理を記述 終了
});
</script>
<style>
div{float: left;}
#hide_area1{width: 300px; height: 500px; background-color: #5ab270;}
#hide_area2{width: 300px; height: 500px; background-color: #e53131;}
#hide_area3{width: 300px; height: 500px; background-color: #987cff;}
</style>
（略）
<body>
<div id="hide_area1"></div>
<div id="hide_area2">' slow' </div>
<div id="hide_area3">5秒</div>
</body>
（略）
```

実行結果：method_slideUp.html

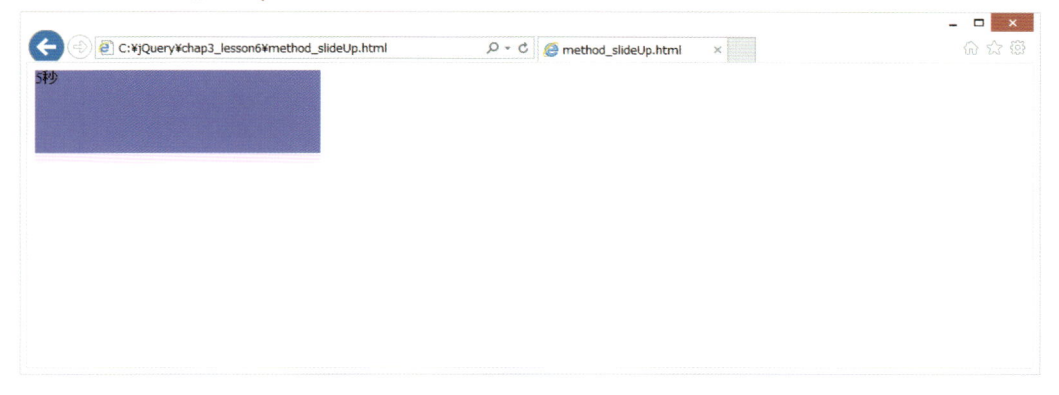

HTML要素の表示・非表示を切り替える（基礎）　slideToggleメソッド

slideToggleメソッドは「表示していれば非表示」に、「非表示の場合は表示」へと自動で処理してくれます。slideUpやslideDownは一方通行の処理で、スライドアップかスライドダウンと限定されますが、slideToggleは両方の特性をもっています。実際にサンプルを使って動作を確認をしましょう。

slideToggleメソッドは、以下のような3種類の書き方ができます。

書式：slideToggle メソッド

```
$( "セレクタ" ).slideToggle();              //即座に「表示」もしくは非表示
$( "セレクタ" ).slideToggle( 'fast' );      // "slow"、"normal"、"fast" のいずれ
かを記述。指定された速度で「表示」もしくは「非表示」
$( "セレクタ" ).slideToggle(5000);          //記述した秒数に合わせて表示で、「表示」また
は「非表示」。5000は5秒
```

以下のサンプルでは、div要素が最初「display:none;」で非表示になっています。この場合にslideToggleメソッドを使うとdivを表示（slideDown）してくれます。

サンプルファイル：method_slideToggle1.html

```html
(略)
<script>
$(document).ready(function(){
//この中に処理を記述 開始
    $("#show_area1").slideToggle();            //即座に表示
    $("#show_area2").slideToggle('slow');      //スローで表示
    $("#show_area3").slideToggle(5000);        //5秒かけて表示
//この中に処理を記述 終了
});
</script>
<style>
div{float: left;}
#show_area1{display: none; width: 300px; height: 500px; background-color: #5ab270;}
#show_area2{display: none; width: 300px; height: 500px; background-color: #e53131;}
#show_area3{display: none; width: 300px; height: 500px; background-color: #987cff;}
</style>
(略)
<body>
<div id="show_area1"></div>
<div id="show_area2">' slow' </div>
<div id="show_area3">5秒</div>
</body>
(略)
```

実行結果：method_slideToggle1.html

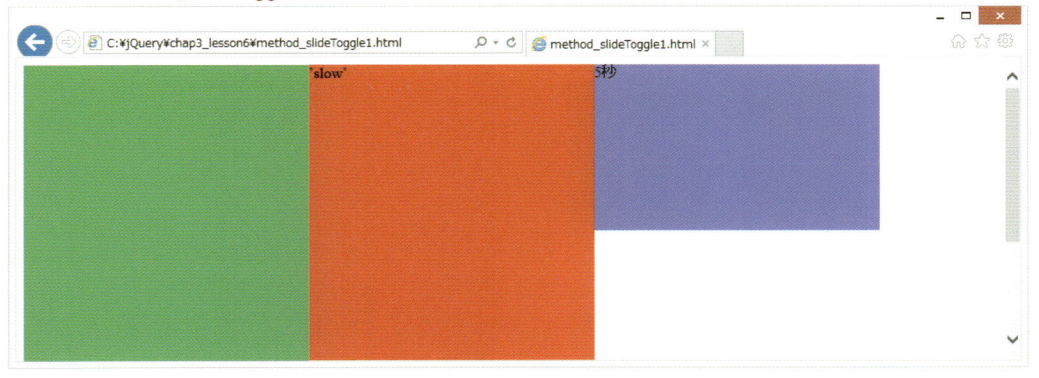

次のサンプルは、div要素が最初から表示されています。この場合にslideToggleメソッドを使用すると、div要素を非表示（slideUp）にしてくれます。

サンプルファイル：method_slideToggle2.html

```html
（略）
<script>
$(document).ready(function(){
//この中に処理を記述　開始
    $("#hide_area1").slideToggle();            //即座に非表示
    $("#hide_area2").slideToggle('slow');      //スローで非表示
    $("#hide_area3").slideToggle(5000);        //5秒かけて非表示
//この中に処理を記述　終了
});
</script>
<style>
div{float: left;}
#hide_area1{width: 300px; height: 500px; background-color: #5ab270;}
#hide_area2{width: 300px; height: 500px; background-color: #e53131;}
#hide_area3{width: 300px; height: 500px; background-color: #987cff;}
</style>
（略）
<body>
<div id="hide_area1"></div>
<div id="hide_area2">'slow'</div>
<div id="hide_area3">5秒</div>
</body>
（略）
```

実行結果：method_slideToggle2.html

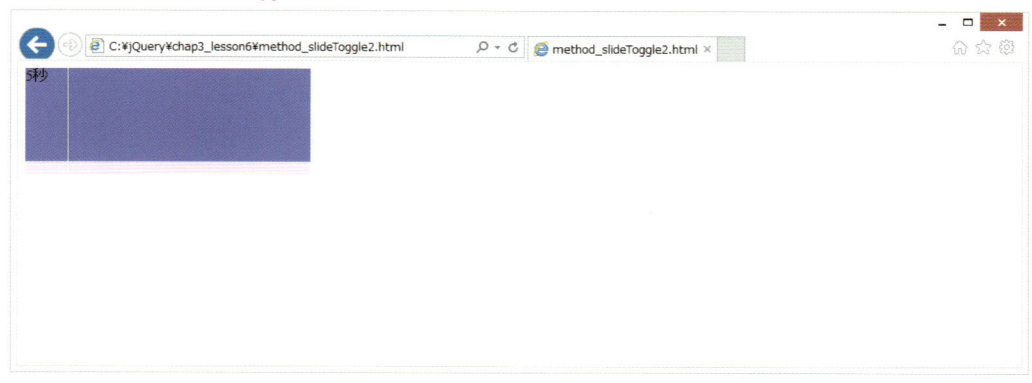

「表示・非表示」をボタンで切り替える（応用）　slideToggleメソッド

slideToggleメソッドの応用例として、ボタンで表示と非表示を切り替えるサンプルを示します。

サンプルファイル：method_slideToggle3.html

```
（略）
<script>
$(document).ready(function(){
//この中に処理を記述　開始
    $("#toggle_btn").on("click",function(){
        $("#hide_area1").slideToggle();         //即座に表示・非表示
        $("#hide_area2").slideToggle('slow');   //スローで表示・非表示
        $("#hide_area3").slideToggle(2000);     //2秒かけて表示・非表示
    });
//この中に処理を記述　終了
});
</script>
<style>
div{float: left;}
#hide_area1{display: none; width: 300px; height: 500px; background-color: #5ab270;}
#hide_area2{display: none; width: 300px; height: 500px; background-color: #e53131;}
#hide_area3{display: none; width: 300px; height: 500px; background-color: #987cff;}
</style>
（略）
```

```
<body>
<div><button id="toggle_btn">表示 or 非表示</button></div>
<div id="hide_area1"></div>
<div id="hide_area2">' slow' </div>
<div id="hide_area3">2秒</div>
</body>
（略）
```

実行結果：method_slideToggle3.html

クリックイベントを関数から直接実行する（基礎）　　triggerメソッド

　Chapter3ではイベントについて学びましたが、イベントは基本的には、マウスクリックやキー入力などユーザーの操作に起因して発生するものでした。しかし、ここで紹介するtriggerメソッドを使うと、たとえばユーザーは実際にはクリックしていませんが、ユーザーがクリックをしたかのように動作させることができます。

　例として、clickイベント内に「DIV要素や多くの要素を表示させるshowメソッドが記述」されているとします。しかし、clickイベントが起きないとその処理は実行されません。何か別のイベント、他の処理のときにこのclickイベント内に記述した同じ内容を実行したい場合に、triggerメソッドを使用するとclickイベントをメソッドから直接「クリック」させることが可能です。

　実際にどういうところで使うのか、最初はこのメソッドの特徴を聞いてもピン！とこないかと思いますが、今後jQueryを使用する上で、とても重宝するメソッドです。頭の片隅に記憶しておいてください。

書式：trigger メソッド
　$("セレクタ").trigger("イベント名");

　まずは以下のように、クリックイベントを作成します。ここでは、id="test"をクリックした場合のイベントを作成しています。

```
$( "#test" ).click(function(){alert( "test" );});
```

ユーザーがtest領域をクリックするとダイアログが表示されますが、実際にスクリプト処理中で、このクリックイベントを実行したい場面が出てきた場合には、triggerメソッドを使用してクリックさせます。

```
$( "#test" ).trigger( "click" );
```

実際にサンプルを動かして確認してみましょう。以下のサンプルでは、クリックイベントの処理が記述されており、クリックイベントが発生するまで本来は処理が開始されません。しかし、このサンプルではページをロードした際に、triggerが実行されるように記述しているので、ページが読み込まれるとclickイベントが発生してshowメソッドを実行します。

サンプルファイル：method_trigger.html

```
（略）
<script>
$(document).ready(function(){
//この中に処理を記述 開始
    //表示ボタンをクリックした場合
    $("#show_btn").on("click",function(){
        $("#hide_area1").show();         //即座に表示
        $("#hide_area2").show('slow');   //スローで表示
        $("#hide_area3").show(2000);     //5秒かけて表示
    });
    //非表示ボタンをクリックした場合
    $("#hide_btn").on("click",function(){
        $("#hide_area1").hide();         //即座に非表示
        $("#hide_area2").hide('slow');   //スローで非表示
        $("#hide_area3").hide(2000);     //2秒かけて非表示
    });
    //トリガーメソッドを使うと上記のようなクリックイベント等を実行できるようになる
    $("#show_btn").trigger("click"); //表示ボタンをクリック
//この中に処理を記述 終了
});
</script>
<style>
div{float: left;}
#hide_area1{display: none; width: 300px; height: 300px; background-color: #5ab270;}
#hide_area2{display: none; width: 300px; height: 300px; background-color: #e53131;}
#hide_area3{display: none; width: 300px; height: 300px; background-color: #987cff;}
</style>
（略）
```

```
<body>
<div><button id="show_btn">表示</button> <button id="hide_btn">非表示</button></div>
<div id="hide_area1"></div>
<div id="hide_area2">' slow' </div>
<div id="hide_area3">2秒</div>
</body>
 (略)
```

実行結果：method_trigger.html

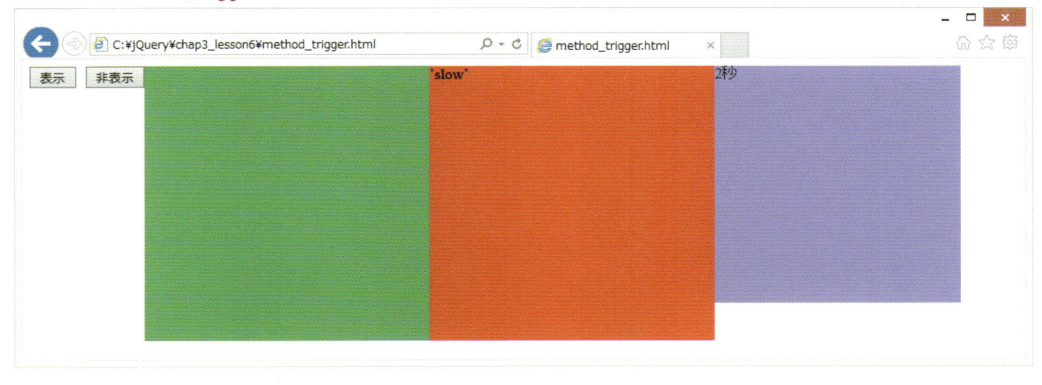

Lesson 2 　Chapter 4

jQuery アニメーション

jQueryライブラリにはアニメーションさせるためのメソッドが最初から準備されています。通常、ゼロの状態からアニメーションさせるプログラムを作成するにはアニメーションの知識と技術、経験が必要です。つまり経験が浅い人がアニメーションを作成するには、気の遠くなる月日が必要になるのです。

それに比べて、jQueryのアニメーションは非常に簡単ですので、ぜひ使って使用方法を覚えてください。最近のWebページではFlashを使用するケースは少なくなってきていますので、jQueryのアニメーションを覚えておくと便利です。難しいアニメーションはできませんが、役に立つことは間違いないでしょう。

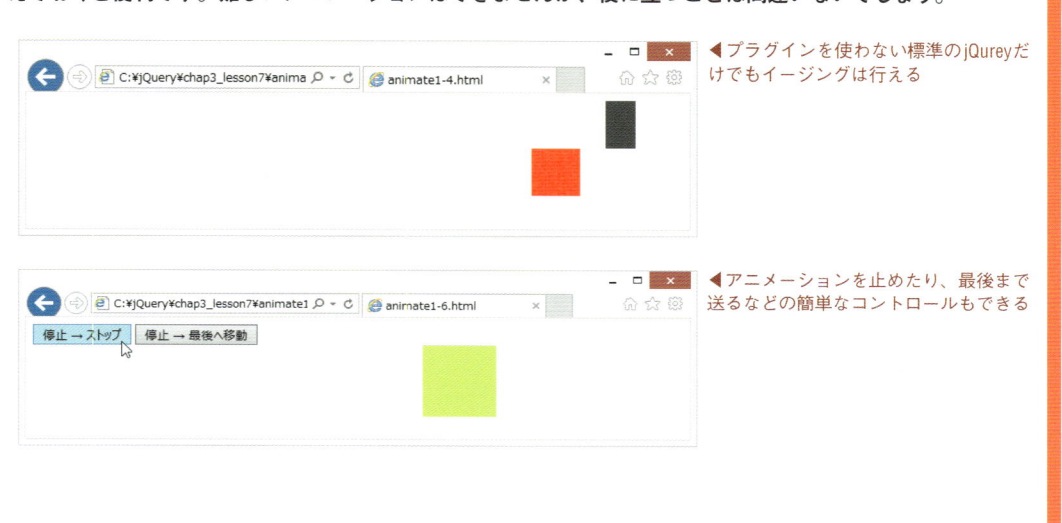

◀プラグインを使わない標準のjQureyだけでもイージングは行える

◀アニメーションを止めたり、最後まで送るなどの簡単なコントロールもできる

◉ POINT

○アニメーションメソッドの単体指定の方法を覚える

○アニメーションメソッドの複数指定の方法を覚える

○animateメソッドでCSSプロパティを指定する書式を理解する→「-」(ハイフン)を削除して「-」(ハイフン)の次の文字を大文字に

○アニメーションの秒数設定を覚える

○アニメーションの加減速の変化を与えるイージングとプラグインについて理解する

animateメソッドを使用したアニメーション（基礎）

jQueryにはアニメーション動作させるための「animate」メソッドが用意されており、制約はありますがブラウザ上を縦横無尽に移動したり、位置や縦幅などのstyle属性（CSSによる装飾）も操作できる汎用性が高いアニメーションメソッドです。

以降では、animateメソッドの使い方をいくつかの例に分けて紹介していきます。

animateメソッド（1つのCSSプロパティを指定する）

animateメソッドを使ってCSSを操作するには、たとえば、以下のように記述します。

記述例：animate メソッド（1 つの CSS プロパティを指定する）

```
$("#move_box").animate({
    "marginLeft" : "600px"
});
```

上記の例では、id="move_box"にanimateメソッドを使用して、「marginLeft:600px」へアニメーションさせます。なお、「marginLeft」は「margin-left」とイコールです。animateメソッドでCSSプロパティを指定する際には、「margin-left」の「-」（ハイフン）を削除して「-」（ハイフン）の次の文字を大文字にする「marginLeft」と記述します。

このように「-」（ハイフン）を削除して次の文字を大文字にすることを

「キャメルケース」

と呼びます。animeteメソッドを使う場合には、「キャメルケース」の記述方法になることを覚えておきましょう。以下は、animeteメソッドの書式例になります。

書式：animate メソッド（1 つの CSS プロパティを指定する）

```
$("セレクタ").animate({
 "プロパティ" : "値"
});
```

サンプルファイル：animate1-1.html

```
(略)
<style>div{height: 300px; width: 300px; background-color: #e8f836}</style>
(略)
<script>
$(document).ready(function(){
//この中に処理を記述 開始
    //id="move_box"をマージンレフト600pxまで移動
    $("#move_box").animate({
        'marginLeft': '600px'
    });
//この中に処理を記述 終了
});
</script>
(略)
<body>
<div id="move_box"></div>
</body>
(略)
```

実行結果：animate1-1.html

▶ animateメソッド（複数プロパティを同時に指定する）

animateメソッドは、複数のCSSプロパティを指定してアニメーションを行わせることもできます。以下に、記述の書式を示します。

書式：animate メソッド（複数プロパティを同時に指定する）

```
$("セレクタ").animate({
  "プロパティ" : "値",
  "プロパティ" : "値",
  "プロパティ" : "値"
});
```

複数のCSSプロティを指定する場合は、「"プロパティ"："値",」のように「,」（カンマ）を行末に記述します。「,」（カンマ）の意味は、「次のプロティ指定もありますよ」といった意味で覚えてください。

また、複数指定する場合によく間違えやすいのが、最後の行「"プロパティ"："値"」の行末に「,」（カンマ）を入れてしまうことです。次のプロティ指定がなければ、最後の行には「,」（カンマ）を付ける必要がありません。間違って「,」（カンマ）を記述すると動作しなくなりますので、覚えておきましょう。

具体的な記述例を、以下に示します。

記述例：animate メソッド（複数プロパティを同時に指定する）

```
$("#move_box").animate({
    "marginLeft" : "600px",
    "width" : "30px",
    "height" : "30px"
});
```

上記の例ではid="move_box"にanimateメソッドを使用して、「marginLeft：600px」「width：30px」「height：30px」にアニメーションさせるプロパティを3つ同時に処理します。次のサンプルを使って、動作を確認してください。

サンプルファイル：animate1-2.html

```
(略)
<style>div{height: 300px; width: 300px; background-color: #e8f836}</style>
(略)
<script>
$(document).ready(function(){
//この中に処理を記述　開始
    //id="move_box"をマージンレフト600pxまで移動と縦横減少
    $("#move_box").animate({
        "marginLeft" : "600px",
        "width" : "30px",
        "height" : "30px"
    });
//この中に処理を記述　終了
});
</script>
(略)
<body>
<div id="move_box"></div>
</body>
(略)
```

実行結果：animate1-2.html

animateメソッドを使用したアニメーション（実践）

CSSプロパティの指定によるアニメーションを説明しましたが、アニメーションを行う時間や時間の配分（加減速）も指定することが可能です。これによりアニメーションの動きをコントロールすることができます。ここでは、それらの記述方法などを見ていきます。

animateメソッド（アニメーションの時間設定）

animateメソッドでは、以下の例にあるようにCSSプロパティの指定と「アニメーションの秒数を指定」することで、アニメーションの速度をコントロールすることもできます。

書式：duration プロパティ

```javascript
$("#move_box").animate(
    {
    "プロパティ" : "値",
    "プロパティ" : "値",
    "プロパティ" : "値"
    },        // 「}」のあとに「,」（カンマ）を忘れずに入れる
    {
    //何秒かけてアニメーションさせるかを指定する
    duration: 6000
    }
);
```

「"プロパティ":"値"」のCSSプロパティ指定の部分を「何秒かけてアニメーションする」といった指定は、「duration: 6000」のように「duration」に「6000」（6000は約6秒）といった数値を記述します。

　　duration　＝　何秒かけてアニメーションする？

ということなので、後は秒数を記述すればよいのです。

また、「{…}」（中括弧）が新しく1つ増えていることを確認してください。中括弧の位置は、アニメーションのCSSプロパティ指定「"marginLeft"、"width"」などとは別の指示になるので、別の中括弧を新しく用意して、その中に記述します。

その際には、CSSプロパティ指定の「{…}」（中括弧）の最後の「}」のあとに「,」（カンマ）を入れるのを忘れないようにしてください。次のサンプルを使って、指定した時間でアニメーションが動作するかを確認してみましょう。

サンプルファイル：animate1-3.html

```
（略）
<style>div{height: 300px; width: 300px; background-color: #e8f836}</style>
（略）
<script>
$(document).ready(function(){
//この中に処理を記述 開始
    //id="move_box"をマージンレフト600pxまで移動と縦横減少
    $("#move_box").animate(
        {
        //CSSプロパティ指定
        "marginLeft" : "600px",
        "width" : "30px",
        "height" : "30px"
        },    //「}」のあとに「,」(カンマ)を忘れずに入れる
        {
        //何秒かけてアニメーションさせるかを指定する
        duration: 6000
        }
    );
//この中に処理を記述 終了
});
</script>
（略）
<body>
<div id="move_box"></div>
</body>
（略）
```

実行結果：animate1-3.html

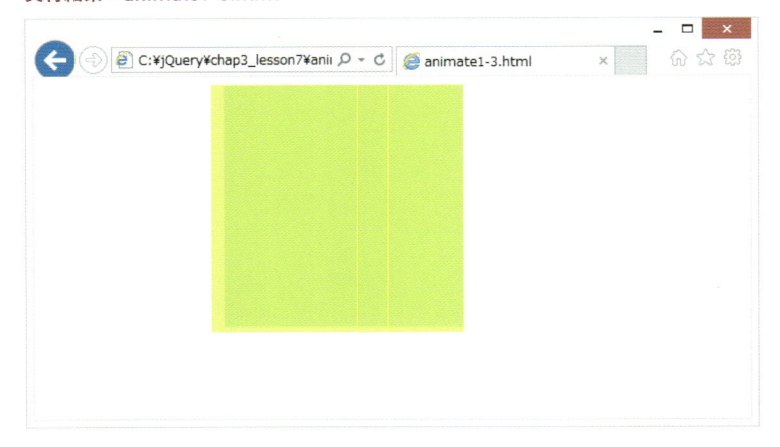

animateメソッド（アニメーションのイージング指定）

先ほどの「duration」の指定では、アニメーションの開始から終了までにかかる時間を指定すると「等速」でアニメーションが行われますが、ほかにも「イージング」という加減速の変化を与えられるプロパティが用意されています。

通常は、以下の2つのプロパティが使えます。

- linear ＝ 等速移動（普通の移動）
- swing ＝ 徐々に加速したのち、減速して停止

linearは、「duration」での指定と同じ動きになります。以下、記述例を見てみましょう。「duration」でアニメーションの時間を指定した後に、「,」（カンマ）を入れて「easing」の指定を続けます。

書式：easing プロパティ

```
$("#move_box_top").animate(
    {
        "marginLeft" : "600px"
    },
    {
        duration: 1500,        //最後に「,」（カンマ）を忘れずに入れる
        easing: "swing"        //徐々に加速したのち減速して停止
    }
);
```

なお、以降で紹介するeasingプラグインを別に読み込んで使用している場合は注意点があります。「swingは徐々にではなく急加速して減速」となります。プラグインを読み込むと動作が変わることがあることを覚えておいてください。

2つの動作の違いを以下のサンプルで確認しておきましょう。

サンプルファイル：animate1-4.html

```
(略)
<style>div{height: 50px; width: 50px;}</style>
(略)
<script>
$(document).ready(function(){
//この中に処理を記述 開始
$("#move_box_top").animate(
    {
        "marginLeft" : "600px"
    },
    {
        duration: 1500,  //最後に「,」(カンマ) を忘れずに入れる
        easing: "swing"  //徐々に加速したのち減速して停止
    }
);

$("#move_box_bottom").animate(
    {
        "marginLeft" : "600px"
    },
    {
        duration: 1500,  //最後に「,」(カンマ) を忘れずに入れる
        easing: "linear" //通常移動（加減速の変化なし）
    }
);
//この中に処理を記述 終了
});
</script>
(略)
<body>
<div id="move_box_top" style="background-color : #555"></div>
<div id="move_box_bottom" style="background-color : #f00"></div>
</body>
(略)
```

実行結果：animate1-4.html

animateメソッドを使用したアニメーション（応用）

ここまででanimateメソッドの基本的な使い方は、すべて紹介しました。ここからはプラグインを組み込んでより複雑なイージングの指定や、アニメーションの途中での停止、アニメーション完了後の処理など、応用例をいくつか取り上げます。

jQuery Easing Pluginライブラリの使用

標準ではイージングは「linear」と「swing」の2種類しかありませんが、より高度なイージングを指定したい場合は、以下の「jQuery Easing Pluginライブラリ」を読み込むことで約32個のイージングから選択が可能になります。

jQuery Easing Pluginライブラリを利用するためには、別途ダウンロードする必要があります。

●jQuery Easing PluginのダウンロードURL
http://gsgd.co.uk/sandbox/jquery/easing/

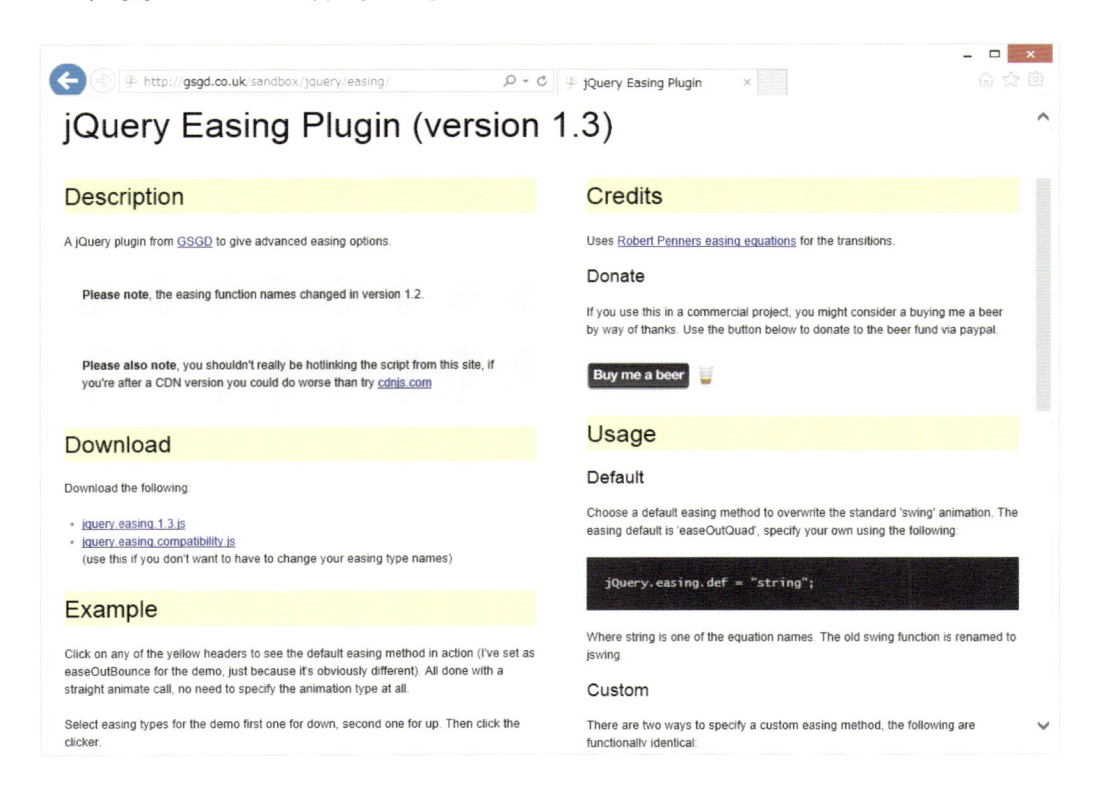

ダウンロードURLのWebページをブラウザで開いたら、画面の左の中ほどに「Download」というカテゴリがあります。「Download」カテゴリの「jquery.easing.1.3.js」のリンクを右クリックにてファイルを保存します。

使用する際には、jQueryと同様にHTMLに読み込んで使用するので、読み込みのタグを1行追加する必要があります。

書式：jQuery Easing Plugin ライブラリの読み込み

```
<script src="http://code.jquery.com/jquery-2.1.1.min.js"></script>
<script src="js/jquery.easing.1.3.js"></script>
```

記述は、先の「easing」で"swing"を指定したときと同様に、使用したいイージングのeasing名を指定します。

書式：easing プロパティ

```
$("#move_box_top").animate(
        {
                "marginLeft" : "600px"
        },
        {
                duration: 1500,
                easing: "easeInQuad"    //徐々に加速して停止
        }
);
```

jQuery Easing Pluginライブラリを組み込むことで、32種類のイージングが使用可能になります。32種類もあるとどれを使えばよいのか迷ってしまいますが、以下のWebサイトのリファレンスが参考になりますので、使用する前に参照してください。

イージング名とアニメーションの時間軸の変化が画像で表示されていますが、その下にあるバーをクリックすると実際にアニメーションの動きを試すことができます。

●easingプラグインプロパティリファレンス

http://semooh.jp/jquery/cont/doc/easing/

それでは、サンプルを実行して動作を確認してみましょう。

サンプルファイル：animate1-4_plugineasing.html

```html
（略）
<style>div{height: 50px; width: 50px;}</style>
<script src="http://code.jquery.com/jquery-2.1.1.min.js"></script>
<script src="js/jquery.easing.1.3.js"></script>
<script>
$(document).ready(function(){
//この中に処理を記述 開始
$("#move_box_top").animate(
    {
        "marginLeft" : "600px"
    },
    {
        duration: 1500,
        easing: "easeInQuad" //徐々に加速して停止
    }
);

$("#move_box_bottom").animate(
    {
        "marginLeft" : "600px"
    },
    {
        duration: 1500,
        easing: "linear" //通常移動（加減速の変化なし）
    }
);
//この中に処理を記述 終了
});
</script>
（略）
<body>
<div id="move_box_top" style="background-color : #555"></div>
<div id="move_box_bottom" style="background-color : #f00"></div>
</body>
（略）
```

実行結果：animate1-4_plugineasing.html

▶ animateメソッド（アニメーション終了時に実行する処理）

　アニメーション終了時に処理を実行するには、「complete」プロパティが必要になります。以下の例ではアニメーション完了後に「$(this).text('完了');」が実行されるように記述しています（「this」については123ページの解説を参照）。これにより、アニメーションが終了すると、表示されているボックス内に「完了」とテキストが挿入されます。

記述例：complete プロパティ

```
$("#move_box").animate(
{
        "marginLeft" : "600px",
        "width" : "100px",
        "height" : "100px"
},
{
        duration: 3000,             //3秒かけて
        easing:"easeInQuad",        //イージング効果あり
        complete: function(){       //完了イベント
                $(this).text('完了');  //完了イベント：テキストを追加
        }
}
);
```

　「complete」プロパティの書式は、以下になります。

書式：complete プロパティ

```
complete: function(){
//ここにアニメーション完了後の処理を書く
}
```

　それでは、サンプルを実行して動作を確認してみましょう。

サンプルファイル：animate1-5.html

```html
(略)
<style>div{height: 300px; width: 300px; background-color: #e8f836}</style>
<script src="http://code.jquery.com/jquery-2.1.1.min.js"></script>
<script src="js/jquery.easing.1.3.js"></script>
<script>
$(document).ready(function(){
//この中に処理を記述 開始
    //id="move_box"をマージンレフト600pxまで移動と縦横減少
    $("#move_box").animate(
    {
        "marginLeft" : "600px",
        "width" : "100px",
        "height" : "100px"
    },
    {
        duration: 3000,          //3秒かけて
        easing:"easeInQuad",     //イージング効果あり
        complete: function(){    //完了イベント
            $(this).text('完了'); //完了イベント：テキストを追加
        }
    }
    );
//この中に処理を記述 終了
});
</script>
(略)
<body>
<div id="move_box"></div>
</body>
(略)
```

実行結果：animate1-5.html

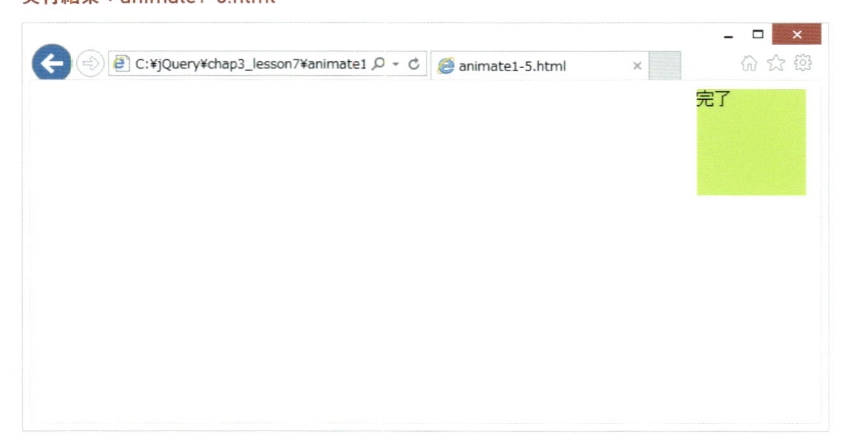

▶ animateメソッド（アニメーションを途中でストップさせる）

「stop」メソッドを使用すると、アニメーションの実行中に停止させることができます。その際には、停止して動作が止まるのか、停止して最後の位置に瞬間で移動するのかを選択することが可能です。

以下の例ではアニメーション中にstopメソッドを実行すると、アニメーション動作が止まります。

記述例：stop メソッド

```javascript
//STOPボタンイベント［停止後、最後まで移動する］
$("#stop_end").on("click",function(){
    $("#move_box").stop();
});
//STOPボタンイベント［停止後、その場所に止まる］
$("#stop_move").on("click",function(){
    $("#move_box").stop(false,true);
});
```

「停止後、その場所に止まる」場合と「停止後、最後まで移動する」の場合のstopメソッド書式は、以下になります。

書式：stop メソッド

```javascript
//STOPボタンイベント［停止後、最後まで移動する］
$("セレクタ").stop();
//STOPボタンイベント［停止後、その場所に止まる］
$("セレクタ").stop(false,true);
```

以下のサンプルにはストップさせるボタンを2つ付けてありますので、それぞれの挙動を実行して確認してください。

サンプルファイル：animate1-6.html

```
（略）
<style>div{height: 80px; width: 80px; background-color: #e8f836}</style>
（略）
<script>
$(document).ready(function(){
//この中に処理を記述 開始
    //id="move_box"をマージンレフト600pxまで移動と縦横減少
    $("#move_box").animate(
    {
        //CSSプロパティ指定
        "marginLeft" : "600px"
    },
    {
        //何秒かけてアニメーションさせるかを指定できる
        duration: 6000
    }
    );

    //STOPボタンイベント［停止後、最後まで移動する］
    $("#stop_end").on("click",function(){
        $("#move_box").stop();
    });
    //STOPボタンイベント［停止後、その場所に止まる］
    $("#stop_move").on("click",function(){
        $("#move_box").stop(false,true);
    });
//この中に処理を記述 終了
});
</script>
（略）
<body>
<button id="stop_end">停止 → ストップ</button>
<button id="stop_move">停止 → 最後へ移動</button>
<div id="move_box"></div>
</body>
（略）
```

実行結果：animate1-6.html

⚠ Column

eachメソッドで複数の要素からデータを取得

jQueryのセレクタで要素を指定する際に、複数のターゲットが存在するケースがあります。たとえば、divやclass="クラス名"など、複数箇所で同じタグが使用されることが想定できます。その場合に複数（ターゲットすべて）のターゲット要素から値を取得する方法があります。それには「eachメソッド」を使用します。

書式：each メソッド

```
//対象の要素（タグ）の数だけ処理をする
$("セレクタ").each(function() {
    console.log( $(this).text() );  //デバッグツールの［コンソール］で確認：要素のテキストを表示確認できる
});
```

$(this)はセレクタで対象になっている要素にあたります。たとえば、セレクタの対象となっているp要素であれば、$(this)はp要素になります。つまりは「今現在対象となっている箇所 = $(this)」です。eachメソッド使ったサンプルプログラムを以下に示しておきます。

サンプルファイル：method_each.html

```
（略）
<script>
$(document).ready(function(){
//P要素（タグ）の数だけ処理をする
$("#one > p").each(function() {
    var txt = "<p>" + $(this).text() + '</p>';  //対象の要素内文字列を取得して"<p>"タグを付与
    $("#two").append( txt ); //div要素id="two"に"<p>文字列</p>"を追加
    });
});
</script>
（略）
<body>
<!-- eachが参照する場所 -->
<div id="one">
    <p>1個目のPです。</p>
    <p>2個目のPです。</p>
    <p>3個目のPです。</p>
    <p>4個目のPです。</p>
    <p>5個目のPです。</p>
    <p>6個目のPです。</p>
</div>
<!-- eachが参照する場所 -->
```

```html
<!-- データが入ってきます！[赤文字で表示] -->
<div id="two" style="color:red">
</div>
<!--/ データが入ってきます！[赤文字で表示] -->
</body>
（略）
```

実行結果：method_each.html

1個目のPです。
2個目のPです。
3個目のPです。
4個目のPです。
5個目のPです。
6個目のPです。
1個目のPです。
2個目のPです。
3個目のPです。
4個目のPです。
5個目のPです。
6個目のPです。

Jquery　LESSON BOOK

実践編

Chapter 5

jQueryプラグイン・ライブラリを活用する

　基礎編では、jQueryの基本的な使い方を各レッスンで紹介しました。これらを習得しておけば、怖いものはありません。あとは実践でどんどん使っていきましょう。ただ、1からユーザーインターフェイスを組み上げるのはベテランの方でもたいへんな作業です。jQueryには、すでにさまざまな機能を実現するプラグイン・ライブラリが多数公開されており、これらを使ってサイトに合わせたカスタマイズを行うというのが基本になります。

　逆にこういった魅力的なプラグインがたくさんあることが、jQueryを使う理由にもなっています。そして、カスタマイズの際に必要な知識は基礎編までで学びましたので、実践ではやりたい機能を実現するプラグインを探して、それをカスタマイズして導入すればよいのです。

　本章では、よく使われるjQueryプラグイン・ライブラリを紹介していきます。この章は、最初から読んでいただく必要はありません。使いたい、興味のあるものから試してみてください。

Lesson 1 — Chapter 5

bxSlider（スライドショー）

bxSliderライブラリは、スライドショーを手軽にWebページ内に設置できるスライドショーライブラリです。bxSliderでは、キャプション表示・画像の大きさの変化にも対応し、タッチ操作、Autoプレイなどさまざまな仕様が備わっています。

スライドショーライブラリは数多くありますが、bxSliderほどの仕様を備えているのは多くはありません。サイトに画像のスライドを入れる場合にはおすすめのライブラリです。このレッスンでもサンプルコードを準備しました。一般的な設定方法を解説してありますので、サンプルコードを使って使用方法を学んでください。

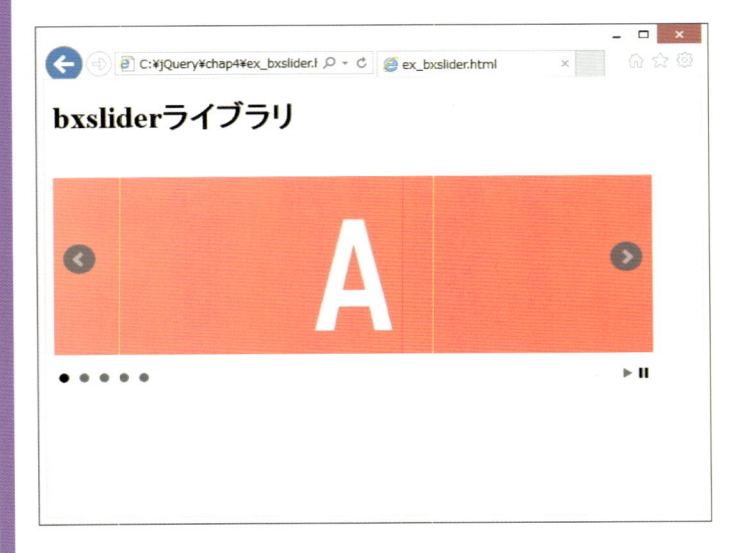

bxSliderライブラリの設定

bxSliderライブラリをダウンロードして、設定を行います。

1 bxSliderライブラリのダウンロード
以下のサイトにアクセスし、画面右上の「Download」ボタンをクリックします。

●bxSliderのダウンロードサイト
http://bxslider.com/

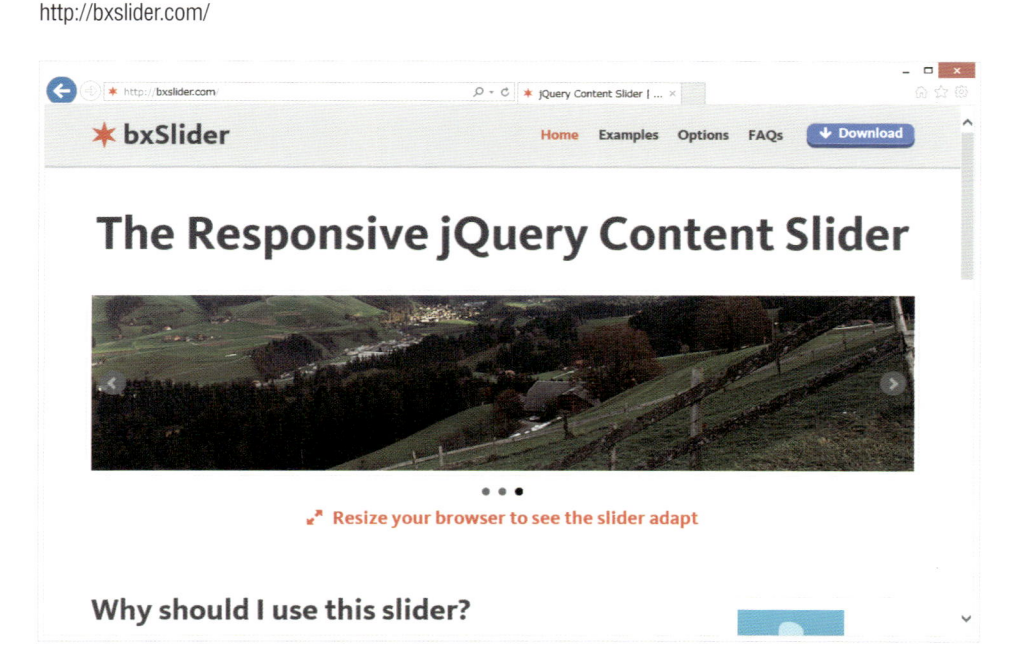

> **memo**
>
> **bxSliderのバージョン、ライセンス、対応ブラウザ**
>
> このレッスンでの解説は、bxSliderの執筆時の最新バージョンで行っています。今後のバージョンアップなどで、仕様変更や利用方法が変わることがありますので、ご注意ください。
>
> 執筆時のバージョン：v4.1.2
> 対応ブラウザ：Firefox／Chrome／Safari／iOS／Android／IE7〜
> jQuery：jQuery 2.x／1.x
> ライセンス：MIT

2 ファイルを解凍する

「jquery.bxslider.zip」がダウンロードされるので、ZIP圧縮を解凍して使用します。

解凍後のファイル一覧

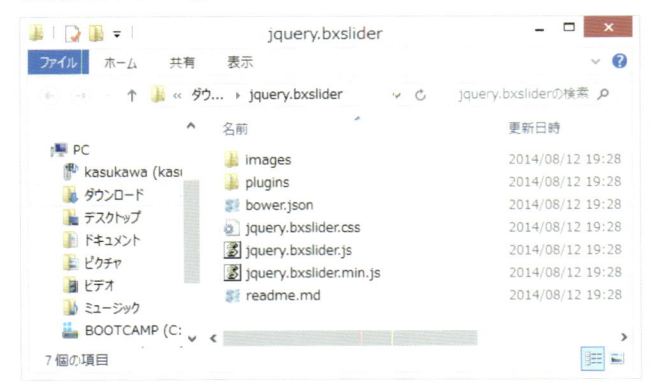

3 以下のファイルを読み込んで利用する

HTMLファイル側では、「bxsliderライブラリ」の以下の2つのファイルを読み込んで使用します。

- jquery.bxslider.min.js
- jquery.bxslider.css

ただし、「jquery.bxslider.min.js」は、jQueryを読み込んだあとに読み込むように配置します。

書式：bxslider ライブラリの読み込み

```
<link rel="stylesheet" href="パス名/jquery.bxslider.css">

<script src="http://code.jquery.com/jquery-2.1.1.min.js"></script>
<script src="パス名/jquery.bxslider.min.js"></script>
```

bxSliderライブラリの利用例

bxSliderの動作を確認するために、以下のサンプルプログラムを用意しました。このプログラムを実行すると、レッスンの冒頭の画面のように、スライドショーが実行されます。5番目に表示される「E」のスライドでは、大きさが自動的にフィットされるのが確認できます。

サンプルファイル：ex_bxslider.html

```html
<!DOCTYPE html>
<html>
<head>
<meta charset="UTF-8">
<link rel="stylesheet" href="jquery.bxslider/jquery.bxslider.css">
<title>ex_bxslider.html</title>
<script src="http://code.jquery.com/jquery-2.1.1.min.js"></script>
<script src="jquery.bxslider/jquery.bxslider.min.js"></script>
<script>
$(document).ready(function(){
//この中に処理を記述 開始

//bxsliderの表示設定
$('.bxslider').bxSlider({
mode: 'horizontal',        //'horizontal', 'vertical', 'fade'
speed: 1000,               //1秒掛けてアニメーション移動（2000=2秒）
startSlide: 0,             //最初のスライドを設定：0からカウントします
auto: true,                //自動再生 [true=ON、false=OFF]
autoControls: true,        //自動再生のコントローラを表示 [true=ON、false=OFF]
adaptiveHeight: true,      //高さが大きい場合に自動でフィットします
captions: false            //true=imgタグのtitle属性を表示 [true=表示、false=非表示]
});

//この中に処理を記述 終了
});
</script>
</head>
<body>
<div id="content">
<h1>bxsliderライブラリ</h1>
<!-- スクロール横画像 -->
<div class="slider" style="width:600px;">
    <ul class="bxslider">
    <li><img src="./jquery.bxslider/sample_img/1.jpg" title="Aの画像を表示します。"></li>
    <li><img src="./jquery.bxslider/sample_img/2.jpg" title="Bの画像を表示します。"></li>
    <li><img src="./jquery.bxslider/sample_img/3.jpg" title="Cの画像を表示します。"></li>
    <li><img src="./jquery.bxslider/sample_img/4.jpg" title="Dの画像を表示します。"></li>
    <li><img src="./jquery.bxslider/sample_img/5.jpg" title="Eの画像を表示します。サイズが大きい"></li>
    </ul>
</div>
<!-- スクロール横画像 -->
</div>
</body>
</html>
```

▶ bxSliderスライドショーの動作の設定

このソースコードの「//bxsliderの表示設定」にあるように、画像を切り替えてアニメーションさせる時間などのスライドショーの動作は、bxSliderメソッドのプロパティで指定します。このサンプルで使っているのは基本的なプロパティだけですが、bxSliderメソッドには多くのプロパティが用意されています。

ここでは詳細は解説しませんが、以下でプロパティを確認し、使用できるものは使ってみてください。

●bxSliderライブラリのプロパティ確認ページ
http://bxslider.com/options

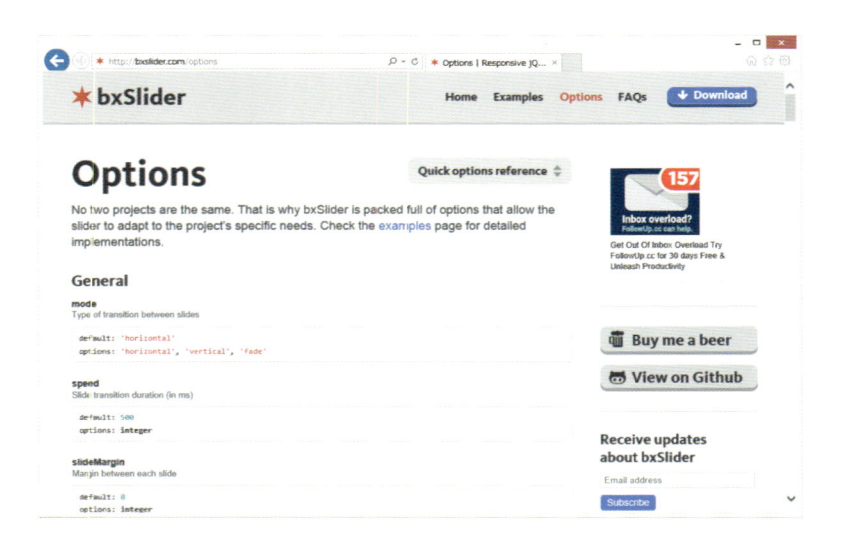

▶ スライドの追加

スライドを追加したい場合は、HTMLで追加します。このときに必要な要素は、「<ul class="bxslider">」とul 要素の「<li><img src="…"></li>」になります。

```
<ul class="bxslider">
<li><img src="./jquery.bxslider/sample_img/1.jpg" title="Aの画像を表示します。"></li>
```

ul要素では、「$('.bxslider').bxSlider」で指定したセレクタ名と同じ名前のクラス名を指定します。そして、li要素で指定する1行がスライド画像の1ページとなります。

画像スライドを1つ追加したい場合には、「<li><img src="…"></li>」を1行コピーして追加します。そして、imgタグのsrcの画像パスを変更すればOKです。また、画像の順番を変更したい場合は、li要素を並び替えてください。

実際に、スライドを1つ追加してみましょう。このサンプルでは、画像はサンプルフォルダ内の「jquery.bxslider/sample_img/」以下に置きます。

サンプルファイル：ex_bxslider2.html

```
（略）
        <li><img src="./jquery.bxslider/sample_img/5.jpg" title="Eの画像を表示します。サイズが大きい"></li>
        <li><img src="./jquery.bxslider/sample_img/6.jpg" title="追加画像"></li>
        </ul>
（略）
```

動作を確認して、6番目のスライドが増えていることを確認してください。

スライドショーの画像を追加

自分で使うのにあまり自信がない方は、このレッスンのサンプルソースコードの必要な部分のみをコピーして使用してみてください。

Chapter 5

Lesson 2

slidr.js（スライドショー）

slidr.jsライブラリは、スライドショーを手軽にWebページ内に設置できるスライドショーライブラリの1つです。前のレッスンで解説したbxsliderライブラリとは違い、slidr.jsはcubeエフェクトや、controls、breadcrumbsのような画像の切り換えを行うコントローラが特徴と言えます。

それほど多くの機能は盛り込まれていませんが、シンプルで洗練されたスライドライブラリです。サイトに画像のスライドを入れる場合には、一度試して欲しいライブラリの1つといえます。このレッスンでもサンプルコードを準備しました。一般的な設定方法を解説してありますので、サンプルコードを使って使用方法を学んでください。

slidr.jsライブラリの設定

slidr.jsライブラリをダウンロードして、設定を行います。

1 slidr.jsライブラリのダウンロード

以下のサイトにアクセスし、画面右下の「Download ZIP」ボタンをクリックします。

●slidr.jsのダウンロードサイト
https://github.com/bchanx/slidr

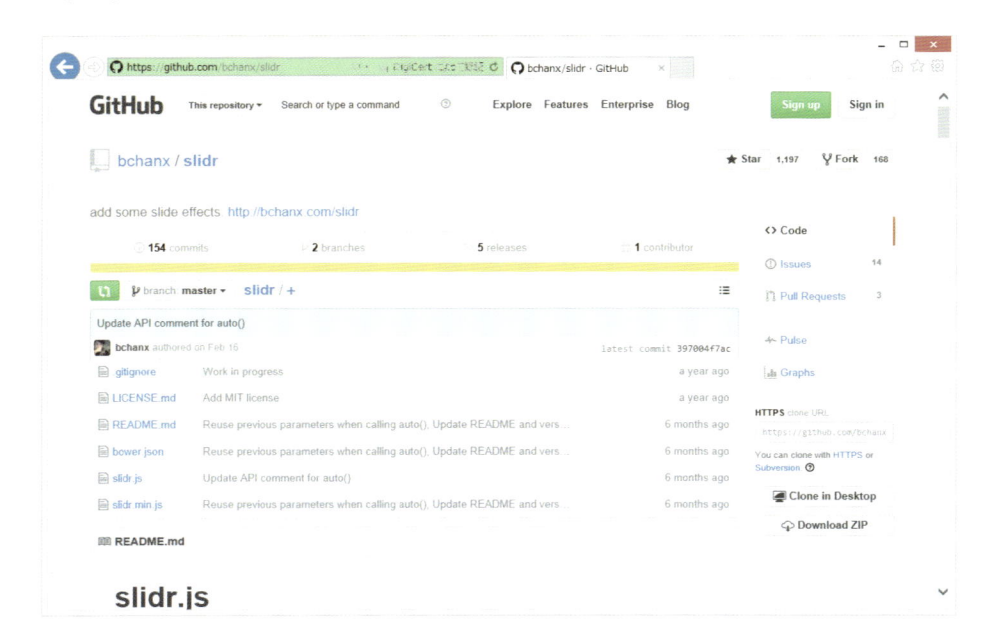

! memo

slidr.jsのバージョン、ライセンス、対応ブラウザ

このレッスンでの解説は、slidr.jsの執筆時の最新バージョンで行っています。今後のバージョンアップなどで、仕様変更や利用方法が変わることがありますので、ご注意ください。

執筆時のバージョン：v0.5.0
対応ブラウザ：Chrome／Firefox／Safari／IE 10（限定サポート IE8/9）
jQuery：jQuery 2.x／1.x
ライセンス：MIT

2 ファイルを解凍する

「slidr-master.zip」がダウンロードされるので、ZIP圧縮を解凍して使用します。

解凍後のファイル一覧

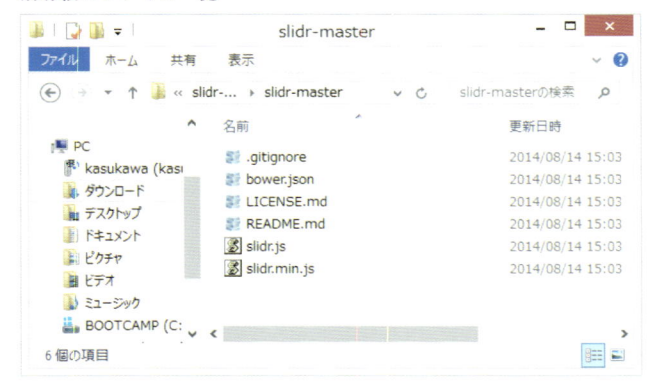

3 以下のファイルを読み込んで利用する

HTMLファイル側では、「slidr.jsライブラリ」の以下のファイルを読み込んで使用します。

・slidr.min.js

ただし、「slidr.min.js」は、jQueryを読み込んだあとに読み込むように配置します。

書式：slidr.js ライブラリの読み込み

```
<script src="http://code.jquery.com/jquery-2.1.1.min.js"></script>
<script src="パス名/slidr.min.js"></script>
```

→ slidr.jsライブラリの利用例

slidr.jsの動作を確認するために、以下のサンプルプログラムを用意しました。

実際にこのサンプルを使って、動作を確認してみましょう。レッスンの冒頭の画面のように、画像の右下に「●」や左下に「▶」「▼」のようなボタンが表示されます。このボタンはコントローラのような役割をしており、クリックするとスライドが変わるようになっています。

slidr.js（スライドショー） | Lesson 2

サンプルファイル：ex_slidrjs.html

```html
<!DOCTYPE html>
<html>
<head>
<meta charset="UTF-8">
<style>body{overflow: hidden;}</style>
<title>ex_slidrjs.html</title>
<script src="http://code.jquery.com/jquery-2.1.1.min.js"></script>
<script src="slidr-master/slidr.min.js"></script>
<script>
$(document).ready(function(){
//この中に処理を記述 開始

//slider.jsの表示設定
var s = slidr.create('slidr-img', {
    breadcrumbs: true,      //画像選択ボタン
    controls: 'corner',     //corner or border
    direction: 'v',         //h or v
    fade: true,             //fade in or out
    keyboard: true,         //キーボード操作
    overflow: true,
    pause: false,
    theme: '#222',
    timing: { 'cube': '0.5s ease-in' },
    touch: true,
    transition: 'cube'
    });
    //imgタグのdata-slidrと連動：縦・横のスライドを選択して設定可能
    s.add('h', ['A1', 'A2', 'A3'], 'fade'); //横で使用するスライドを指定
    s.add('v', ['A1', 'A2', 'A3', 'A4', 'A5'], 'cube');   //縦で使用するスライドを指定
    // Now start.
    s.start();

//この中に処理を記述 終了
});
</script>
</head>
```

```html
<body>
<div id="content">
<h1>slidr.jsライブラリ</h1>
<!-- スクロール横・縦画像 -->
<div style="width:600px;">
<div id="slidr-img" style="display: inline-block">
    <img data-slidr="A1" src="slidr-master/sample_img/1.jpg">
    <img data-slidr="A2" src="slidr-master/sample_img/2.jpg">
    <img data-slidr="A3" src="slidr-master/sample_img/3.jpg">
    <img data-slidr="A4" src="slidr-master/sample_img/4.jpg">
    <img data-slidr="A5" src="slidr-master/sample_img/5.jpg">
</div>
</div>
<!-- スクロール横・縦画像 -->
</div>
</body>
</html>
```

▶ slidr.jsスライドショーの動作の設定

　このソースコードの「//slidr.jsの表示設定」にあるように、画像を切り替えるコントローラやボタンなどは、slidr.createrメソッドのプロパティで指定します。このサンプルで使っているのは基本的なプロパティだけですが、slidr.createメソッドには多くのプロパティが用意されています。
　ここでは詳細は解説しませんが、以下でプロパティを確認し、使用できるものは使ってみてください。

●slidr.jsライブラリのプロパティ確認ページ
http://www.bchanx.com/slidr#docs

▶ スライドの追加

スライドを追加したい場合は、HTMLで追加します。このときに必要な要素は、「<div id="slidr-img" …」です。このdiv要素の「<img data-slidr="ユニーク値"…>」が重要です。

```
<div id="slidr-img" style="display: inline-block">
        <img data-slidr="A1" src="slidr-master/sample_img/1.jpg">
        <img data-slidr="A2" src="slidr-master/sample_img/2.jpg">
        <img data-slidr="A3" src="slidr-master/sample_img/3.jpg">
        <img data-slidr="A4" src="slidr-master/sample_img/4.jpg">
        <img data-slidr="A5" src="slidr-master/sample_img/5.jpg">
</div>
```

「<img data-slidr="ユニーク値"…>」の1行がスライド画像の1ページとなりますので、画像スライドを1つ追加したい場合には、「<img data-slidr="ユニーク値"…>」を1行コピーして追加します。ユニーク値とはdata-slidrで使用する重複しない値を指します。

imgタグsrcの画像パスと、data-slidr属性のユニーク値を変更するだけでOKです。また、画像の順番を変更したい場合は、li要素を並び替えてください。

さらに、スライドを追加したい場合は、スクリプトにも追加が必要です。以下のスクリプト箇所に追加する必要があります。

HTML側に追加

```
<img data-slidr="A6" src="slidr-master/sample_img/6.jpg">
```

このスライドを追加する場合は、スクリプトに「A6」を追加する必要があります。

スクリプト側に追加

```
s.add('h', ['A1', 'A2', 'A3', 'A6'], 'fade');              //横で使用するスライドを指定
s.add('v', ['A1', 'A2', 'A3', 'A4', 'A5', 'A6'], 'cube');  //縦で使用するスライドを指定
```

それでは、追加したソースコードを再度掲載しておきます。

サンプルファイル：ex_slidrjs2.html

```
(略)
    //imgタグのdata-slidrと連動：縦・横のスライドを選択して設定可能
    s.add('h', ['A1', 'A2', 'A3', 'A6'], 'fade');              //横で使用するスライドを指定
    s.add('v', ['A1', 'A2', 'A3', 'A4', 'A5', 'A6'], 'cube');  //縦で使用するスライドを指定
(略)
<div id="slidr-img" style="display: inline-block">
    <img data-slidr="A1" src="slidr-master/sample_img/1.jpg">
    <img data-slidr="A2" src="slidr-master/sample_img/2.jpg">
    <img data-slidr="A3" src="slidr-master/sample_img/3.jpg">
    <img data-slidr="A4" src="slidr-master/sample_img/4.jpg">
    <img data-slidr="A5" src="slidr-master/sample_img/5.jpg">
    <img data-slidr="A6" src="slidr-master/sample_img/6.jpg">
</div>
(略)
```

動作を確認して、6番目のスライドが増えていることを確認してください。

スライドショーの画像を追加

自分で使うのにあまり自信がない方は、このレッスンのサンプルソースコードの必要な部分のみをコピーして使用してみてください。

Lesson 3   Chapter 5

ColorBox（ポップアップ）

ColorBoxライブラリは、ポップアップを手軽にWebページ内に設置できるポップアップライブラリの1つです。一般的にはlightboxライブラリが使用されていますが、このレッスンではColorBoxを紹介します。
ColorBoxは機能的にはかなり作り込まれており、機能が豊富というよりは、質がよく、シンプルに使えるライブラリです。サイトで画像を見せる場合には、一度試して欲しいライブラリの1つです。このレッスンでもサンプルコードを準備しました。一般的な設定方法を解説してありますので、サンプルコードを使って使用方法を学んでください。

ColorBoxライブラリの設定

ColorBoxライブラリをダウンロードして、設定を行います。

1 ColorBoxライブラリのダウンロード

以下のサイトにアクセスし、画面左の「Download」ボタンをクリックします。

●ColorBoxのダウンロードサイト
http://www.jacklmoore.com/colorbox/

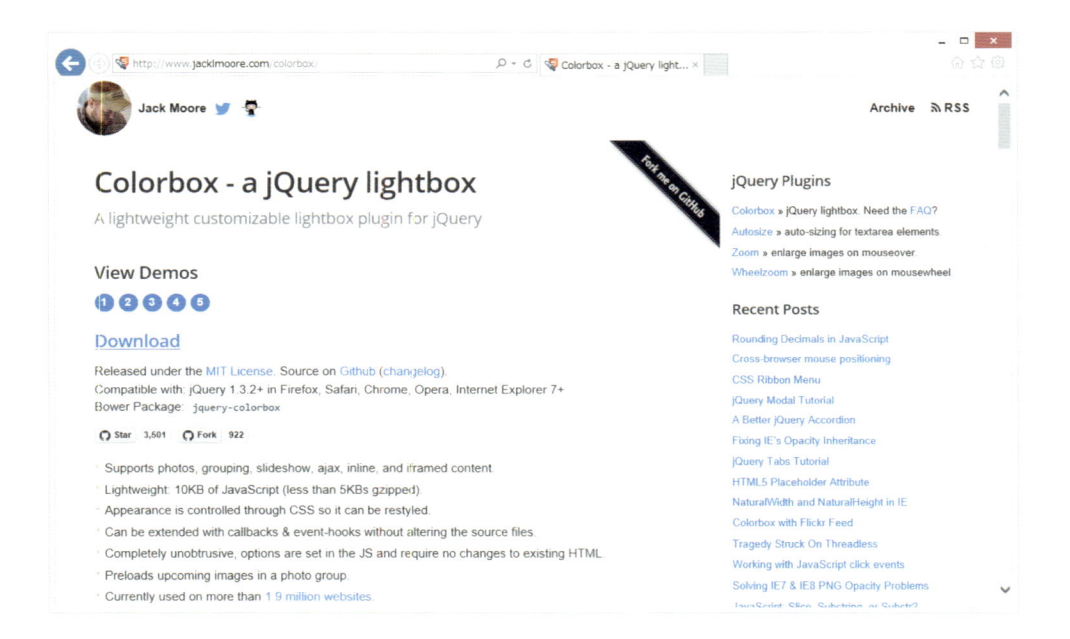

> **memo**
>
> **ColorBoxのバージョン、ライセンス、対応ブラウザ**
>
> このレッスンでの解説は、ColorBoxの執筆時の最新バージョンで行っています。今後のバージョンアップなどで、仕様変更や利用方法が変わることがありますので、ご注意ください。
>
> 執筆時のバージョン：v1.5.9
> 対応ブラウザ：Firefox／Safari／Chrome／IE7〜
> jQuery：jQuery 2.x／1.x
> ライセンス：MIT

2 ファイルを解凍する

「color-master.zip」がダウンロードされるので、ZIP圧縮を解凍して使用します。

解凍後のファイル一覧

3 以下のファイルを読み込んで利用する

HTMLファイル側では、「ColorBoxライブラリ」の以下の2つのファイルを読み込んで使用します。

- jquery.colorbox-min.jss
- colorbox.css

ただし、「jquery.bxslider.min.js」は、jQueryを読み込んだあとに読み込むように配置します。

書式：ColorBox ライブラリの読み込み

```
<link rel="stylesheet" href="パス名/colorbox.css">

<script src="http://code.jquery.com/jquery-2.1.1.min.js"></script>
<script src="パス名/jquery.colorbox-min.js"></script>
```

> ⚠️ **memo**
>
> **ColorBoxライブラリをダウンロードして使う場合の注意事項**
>
> みなさんが直接サイトからライブラリをダウンロードして使用する際には、注意事項がいくつかあります。
> 解凍したファイルのなかには、「example1」〜「example5」フォルダなど複数のフォルダが存在します。このフォルダの中にある「colorbox.css」と「images」フォルダが必要になります。この中にある「colorbox.css」「images」は必ず自分が作ったサイトやディレクトリ等に移動して使用してください。「colorbox.css」「images」がないと思ったような動作をしませんので、要注意です。
> 慣れるまでは、このレッスンのサンプルを流用して使用することをお勧めします。ここで紹介するサンプルは、HTMLファイルもシンプルに修正してあり、よく使われるものだけをチョイスしています。このため「ColorBoxライブラリ」のサイトから直接ダウンロードするよりは、簡単に使用できるようになっています。

ColorBoxライブラリの利用例1

ColorBoxの動作を確認するために、以下のサンプルプログラムを用意しました。
実際にこのサンプルを使って、動作を確認してみましょう。レッスンの冒頭の画面のように、画面のリンクをクリックすると、ブラウザの背景が暗くなり、画像がポップアップして表示されます。

サンプルファイル：**ex_colorbox.html**

```html
<!DOCTYPE html>
<html>
<head>
<meta charset="UTF-8">
<title>ex_colorbox.html</title>
<link rel="stylesheet" href="colorbox-master/colorbox.css">
<script src="http://code.jquery.com/jquery-2.1.1.min.js"></script>
<script src="colorbox-master/jquery.colorbox-min.js"></script>
<script>
$(document).ready(function(){
//この中に処理を記述 開始

//画像表示：初期設定
$(".colorbox").colorbox({
    rel: 'colorbox',     //colorboxがグループ化されるため、画面に［次へ・戻る］ボタン表示される
    transition: "elastic",    //["elastic","fade","none"]、デフォルト=elastic
    speed: 400,               //写真表示スピード（切替）
    opacity: 0.85             //背景の透明度[0...1]、デフォルト=0.85
});

//この中に処理を記述 終了
});
</script>
</head>
<body>
<div id="content">
<h1>colorboxライブラリ</h1>
<!-- Popup画像 -->
<div style="width:600px;">
    <p><a class="colorbox" href="colorbox-master/content/ohoopee1.jpg" title="写真1">DEMO 1</a></p>
    <p><a class="colorbox" href="colorbox-master/content/ohoopee2.jpg" title="写真2">DEMO 2</a></p>
    <p><a class="colorbox" href="colorbox-master/content/ohoopee3.jpg" title="写真3">DEMO 3</a></p>
</div>
<!-- Popup画像 -->
</div>
</body>
</html>
```

ColorBoxポップアップの動作の設定

　このソースコードの「//画像表示：初期設定」以降が、ColorBoxポップアップの動作を設定するプロパティになります。「rel: 'colorbox',」は変更の必要がないので、このまま使用します。
　「transition: "elastic"」は"none"を設定すると画像の切り替えがスムーズでなくなるため、あまりお勧めしません。できれば"elastic"がよいと思います。また"fade"も選択できますが、fadeにすると今度はエフェクト動作が強すぎて、写真よりもそちらに目がいってしまいそうです。実際にオプションを変更して試してから、一番よいものを選択してください。
　「speed: 400,」では、写真が次の写真に切り替わるまでのスピードを設定しています。400は見た感じ少し速く、遅くは感じない程度のスピードにしています。1000に変更すると「1000=1秒」なので1秒かけて写真が切り替わりますが、ちょっと遅いように感じます。サンプルではちょっと速いくらいの「400=0.4秒」にしています。速いほうがいいという場合は、「speed: 100,」に設定するのもいいのではないでしょうか。
　「opacity: 0.85」は背景の透明度です。サンプルでは黒の背景を敷いていますので、黒の透明度になります。少し透けて見える程度です。筆者は、もう少し透かせて見ようと思い0.5に設定してみましたが、0.5では透ける度合いが強いようで、0.85に戻しました。みなさんも使用する際には、細かく調整して使用してください。

　なお、先ほどの「memo」でも書いたように、最初はこのサンプルを使用したほうが簡単に使えます。このサンプルでは、初心者にわかりやすいように、無駄なコードや設定を排除しています。特に、まだまだjQueryを理解するには時間がかかるといった方は、このサンプルを利用してください。

　ColorBoxには、ここで紹介以外にも各種設定プロパティが多くあります。以下でプロパティを確認し、使用できるものは使ってみてください。

●colorboxライブラリのプロパティ確認ページ
http://www.jacklmoore.com/colorbox/

▶ 画像の追加

画像を追加したい場合は、HTMLで追加します。このときに必要な要素は、「<a class="colorbox" href="…」です。このa要素の「class="colorbox"」が重要で、このclass名で指定しないと動作しません。

```
<div style="width:600px;">
        <p><a class="colorbox" href="colorbox-master/content/ohoopee1.jpg"
title="写真1">DEMO 1</a></p>
        <p><a class="colorbox" href="colorbox-master/content/ohoopee2.jpg"
title="写真2">DEMO 2</a></p>
        <p><a class="colorbox" href="colorbox-master/content/ohoopee3.jpg"
title="写真3">DEMO 3</a></p>
</div>
```

スクリプトの記述箇所で「$(".colorbox").colorbox」とあるように、セレクタが「colorbox」で、このクラス名に対して設定するという記述になっているため、ColorBoxライブラリを使用して画像をポップアップするには、a要素「class="colorbox"」の記述が必要になります。

a要素title属性には「写真1」〜「写真3」が記載されていますが、この文字列はポップアップした画像の下に説明（タイトル）として表示されるものですので、それを踏まえたタイトルを付けましょう。

それでは、サンプルに4つ目の画像を追加してみましょう。このサンプルでは、画像はサンプルフォルダ内の「colorbox-master/content/」以下に置きます。ここでは「content」フォルダに最初から入っているdaisy.jpgを指定しました。

サンプルファイル：ex_colorbox2.html

```
（略）
<div style="width:600px;">
        <p><a class="colorbox" href="colorbox-master/content/ohoopee1.jpg" title="写真1">DEMO 1</a></p>
        <p><a class="colorbox" href="colorbox-master/content/ohoopee2.jpg" title="写真2">DEMO 2</a></p>
        <p><a class="colorbox" href="colorbox-master/content/ohoopee3.jpg" title="写真3">DEMO 3</a></p>
        <p><a class="colorbox" href="colorbox-master/content/daisy.jpg" title="写真4">DEMO 4</a></p>
</div>
（略）
```

動作を確認して、4番目の画像が増えていることを確認してください。

ポップアップの画像を追加

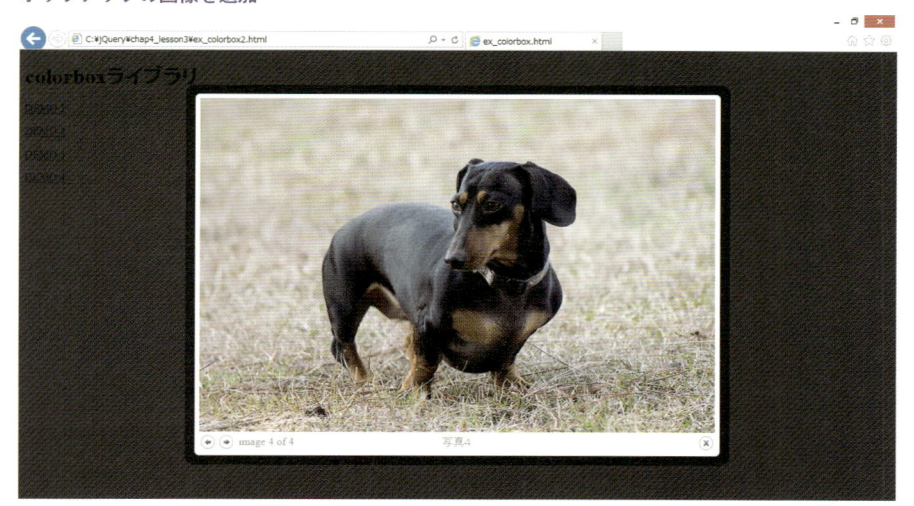

ColorBoxライブラリの利用例2

　同じColorBoxライブラリを使って、今度はスライドショーを設定してみましょう。動作を確認するために、以下のサンプルプログラムを用意しました。
　実際にこのサンプルを使って、動作を確認してみます。スライドショーなので、ポップアップで表示された画像が自動的に切り替わることがわかります。

サンプルファイル：ex_colorbox_slideshow.html

```html
（略）
<script>
$(document).ready(function(){
//この中に処理を記述 開始

//画像表示：初期設定
$(".colorbox").colorbox({
    rel: 'colorbox',    //colorboxがグループ化されるため、画面に［次へ・戻る］ボタン表示される
    transition: "elastic",    //["elastic","fade","none"]、デフォルト=elastic
    speed: 400,             //写真表示スピード（切替）
    opacity: 0.85,          //背景の透明度[0...1]、デフォルト=0.85
    slideshow: true,        //写真をスライドショーのように動作させる
    slideshowSpeed: 3000    //デフォルト=2500（2.5秒）
});

//この中に処理を記述 終了
});
</script>
（略）
<div id="content">
<h1>colorboxライブラリ</h1>
<!-- Popup画像 -->
<div style="width:600px;">
    <p><a class="colorbox" href="colorbox-master/content/ohoopee1.jpg" title="写真1">DEMO 1</a></p>
    <p><a class="colorbox" href="colorbox-master/content/ohoopee2.jpg" title="写真2">DEMO 2</a></p>
    <p><a class="colorbox" href="colorbox-master/content/ohoopee3.jpg" title="写真3">DEMO 3</a></p>
</div>
<!-- Popup画像 -->
</div>
（略）
```

　「slideshow:true」は、写真をポップアップさせるだけではなく、スライドショー機能をONにするための設定です。OFFにしたい場合はfalseを設定します。「slideshowSpeed: 3000」は、スライドの切り替わる間隔を「3000=3秒」に設定しています。1000とかでは切り替わりが速すぎて写真が見づらくなりますので、スライドショーの場合は大きめの数値でゆっくり流すのがよいと思います。

CoolBox ライブラリをスライドショーで利用

memo

プロパティを追加する場合の注意

本文のex_colorbox_slideshow.htmlにあるように、「slideshow」や「slideshowSpeed」などのプロパティを追加する場合は、以下の点に気をつけましょう。

```
$(".colorbox").colorbox({
    rel: 'colorbox',
    transition: "elastic",
    speed: 400,
    opacity: 0.85      //プロパティの追加に気をとられ「,」を忘れてしまった！
    slideshow: true,
    slideshowSpeed: 3000
});
```

上記のようにやってしまうことが多いのですが、プロパティを追加する際には、その上のプロパティ「opacity: 0.85」の最後に「,」（カンマ）の追加が必要です。これを忘れて実行するとブラウザ画面が真っ白になり、一瞬何が起こったのかパニックになることがあります。プロパティを追加する際には、

上のプロパティに「,」（カンマ）の追加を忘れずに！

するようにしましょう。また、最後のプロパティには逆に「,」（カンマ）を付けません。こちらにも注意します。

Lesson 4 Chapter 5

liteAccordion（アコーディオン）

liteAccordionライブラリは、水平アコーディオンを手軽に見栄えよく作るためのライブラリです。Webページ内のメイン要素に配置し、効果的に使うことが可能です。水平アコーディオンはあまり多くないので、選択肢の1つとして知っておくとよいでしょう。

大きく2つの使用方法が考えられますが、1つは「メインビジュアル」として効果的に使う方法で、このライブラリはこのために作られたものと思われます。もう1つの使用方法としては、Topic・最新情報コンテンツの表示にも使えそうです。

機能は豊富ではありませんし、「メインビジュアル」または「Topics・最新情報」といったコンテンツの見せ方も決まっているため、使用用途は広くありません。しかし、クオリティはとても高いライブラリですので、一度試して欲しいライブラリの1つです。

このレッスンでもサンプルコードを準備しました。一般的な設定方法を解説してありますので、サンプルコードを使って使用方法を学んでください。

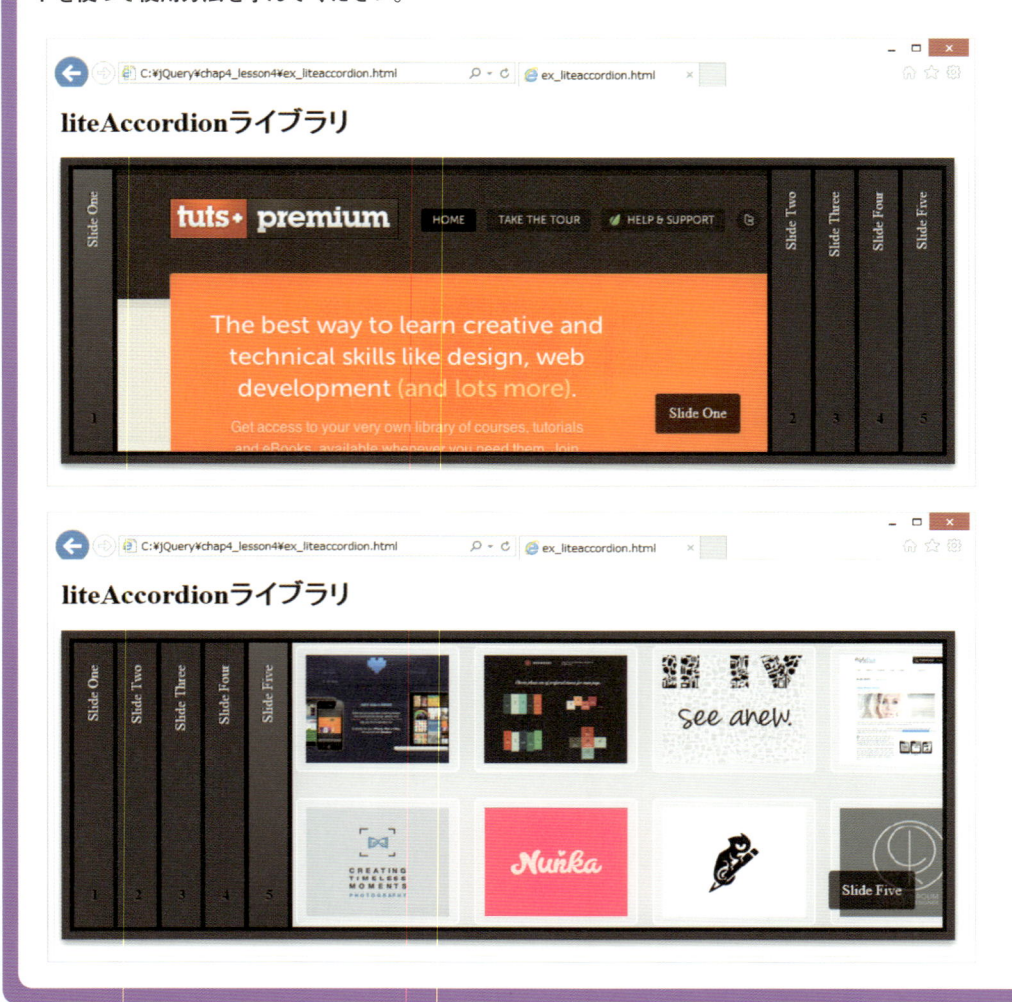

liteAccordionライブラリの設定

liteAccordionライブラリをダウンロードして、設定を行います。

1 liteAccordionライブラリのダウンロード

以下のサイトにアクセスし、画面右下の「Download ZIP」ボタンをクリックします。

●liteAccordionのダウンロードサイト
https://github.com/nikki/liteAccordion

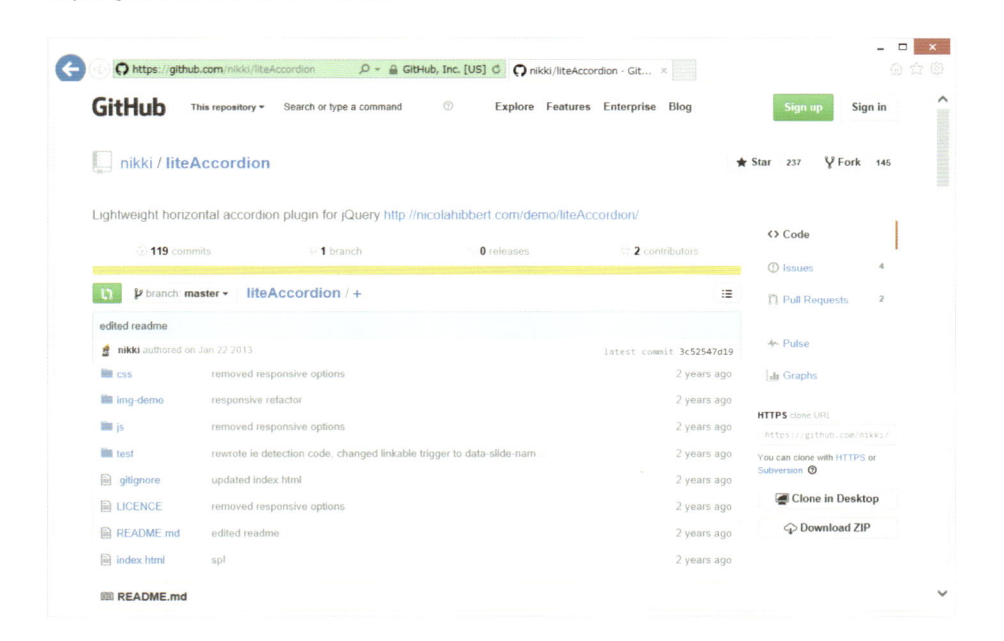

> **memo**
>
> **liteAccordionのバージョン、ライセンス、対応ブラウザ**
>
> このレッスンでの解説は、liteAccordionの執筆時の最新バージョンで行っています。今後のバージョンアップなどで、仕様変更や利用方法が変わることがありますので、ご注意ください。
>
> 執筆時のバージョン：v2.2.0
> 対応ブラウザ：Firefox／Safari／Chrome／IE8〜
> jQuery：jQuery 2.x／1.x
> ライセンス：MIT

2 ファイルを解凍する

「liteAccordion-master.zip」がダウンロードされるので、ZIP圧縮を解凍して使用します。

解凍後のファイル一覧

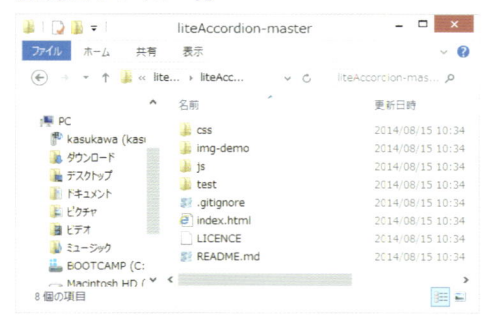

3 以下のファイルを読み込んで利用する

HTMLファイル側では、「liteAccordionライブラリ」の以下の3つのファイルを読み込んで使用します。以下のファイルは、解凍したフォルダ内の「css」「js」フォルダにあります。

- liteaccordion.css
- jquery.easing.1.3.js
- liteaccordion.jquery.js

> ! **memo**
>
> **liteAccordionライブラリをダウンロードして使う場合の注意事項**
>
> みなさんが直接サイトからライブラリをダウンロードして使用する際には、注意事項がいくつかあります。
> 解凍したファイルのなかには、「js」フォルダの中にある「jquery.easing.1.3.js」と「liteaccordion.jquery.js」(liteaccordion.jquery.min.js) の2つのファイルが必要になります。そのまま「JSフォルダ」を利用しましょう。CSSファイルも必要なので「CSS」フォルダも丸ごと自分が作ったサイト・ディレクトリ等に移動して使用してください。これらは、liteAccordionライブラリの動作に必要なファイルです。
> なお、「img-demo」フォルダも入っていますが、これはDEMOの画像になります。実際に画像を差し替え終わるまでは、そのまま置いたほうがよいでしょう。
> 慣れるまでは、このレッスンのサンプルを流用して使用することをお勧めします。ここで紹介するサンプルは、HTMLファイルもシンプルに修正してあり、よく使われるものだけをチョイスしています。このため「liteAccordionライブラリ」のサイトから直接ダウンロードしたものを使うよりは、簡単に使用できるようになっています。

ただし、「jquery.easing.1.3.js」と「liteaccordion.jquery.js」は、jQueryを読み込んだあとに読み込むように配置します。

書式：liteAccordion ライブラリの読み込み
```
<link rel="stylesheet" href="パス名/liteaccordion.css">

<script src="http://code.jquery.com/jquery-2.1.1.min.js"></script>
<script src="パス名/jquery.easing.1.3.js"></script>
<script src="パス名/liteaccordion.jquery.js"></script>
```

liteAccordionライブラリの利用例

liteAccordionの動作を確認するために、以下のサンプルプログラムを用意しました。

実際にこのサンプルを使って、動作を確認してみましょう。レッスンの冒頭の画面のように、ブラウザでサンプルファイルを開くと、自動で横にアコーディオンがスライドしていきます。また、縦のバーをクリックすると対応したアコーディオンスライドを開くことができます。

なお、サンプルファイルでは、ダウンロードされるオリジナルのデモファイルから少し設定を変更してあり、アコーディオンバーの箇所を黒くダークにしてあります。これらは、プロパティで簡単に変更できる仕組みになっています。

サンプルファイル：ex_liteaccordion.html
```
<!DOCTYPE html>
<html>
<head>
<meta charset="UTF-8">
<title>ex_liteaccordion.html</title>
<link href="liteAccordion-master/css/liteaccordion.css" rel="stylesheet">
<script src="http://code.jquery.com/jquery-2.1.1.min.js"></script>
<script src="liteAccordion-master/js/jquery.easing.1.3.js"></script>
<script src="liteAccordion-master/js/liteaccordion.jquery.js"></script>
<script>
$(document).ready(function(){
//この中に処理を記述 開始
```

```html
//liteAccordion表示：初期設定
$('#contents').liteAccordion({
    onTriggerSlide : function() {
        this.find('figcaption').fadeOut();
    },
    onSlideAnimComplete : function() {
        this.find('figcaption').fadeIn();
    },
    autoPlay : true,             //自動スクロール
    slideSpeed : 1000,           //スライドの移動スピード [1000=1秒]
    theme : 'dark',              //light,dark,basic,stitch [デフォルト=stitch]
    cycleSpeed : 3000,           //スライドの回転スピード [3000=3秒]
    enumerateSlides : true       //アコーディオンバーのスライド番号表示
    }).find('figcaption:first').show();

//この中に処理を記述  終了
});
</script>
</head>
<body>
<h1>liteAccordionライブラリ</h1>
<div id="contents">
<ol>
<!-- page1 -->
<li>
    <h2><span>Slide One</span></h2>
    <div>
    <figure>
        <img src="liteAccordion-master/img-demo/1.jpg" alt="image" />
        <figcaption class="ap-caption">Slide One</figcaption>
    </figure>
    </div>
</li>
<!-- page1 -->

<!-- page2 -->
<li>
    <h2><span>Slide Two</span></h2>
    <div>
    <figure>
        <img src="liteAccordion-master/img-demo/2.jpg" alt="image" />
        <figcaption class="ap-caption">Slide Two</figcaption>
    </figure>
    </div>
</li>
<!-- page2 -->
```

```html
<!-- page3 -->
<li>
    <h2><span>Slide Three</span></h2>
    <div>
    <figure>
        <img src="liteAccordion-master/img-demo/3.jpg" alt="image" />
        <figcaption class="ap-caption">Slide Three</figcaption>
    </figure>
    </div>
</li>
<!-- page3 -->

<!-- page4 -->
<li>
    <h2><span>Slide Four</span></h2>
    <div>
    <figure>
        <img src="liteAccordion-master/img-demo/4.jpg" width="768" alt="image" />
        <figcaption class="ap-caption">Slide Four</figcaption>
    </figure>
    </div>
</li>
<!-- page4 -->

<!-- page5 -->
<li>
    <h2><span>Slide Five</span></h2>
    <div>
    <figure>
        <img src="liteAccordion-master/img-demo/5.jpg" alt="image" />
        <figcaption class="ap-caption">Slide Five</figcaption>
    </figure>
    </div>
</li>
<!-- page5 -->
</ol>
</div>
</body>
</html>
```

▶ liteAccordionアコーディオンの動作の設定

このソースコードの「//liteAccordion表示：初期設定」以降が、liteAccordionアコーディオンの動作を設定するプロパティになります。

「autoPlay: true」は自動再生をON/OFFにするかどうかの設定です。ONの場合はtrue、OFFの場合はfalseを記述します。サンプルでは、自動的にスライドが切り替わるようにしたいので、自動再生をONにしています。

「slideSpeed: 1000」は、スライドの移動するスピードを設定しています。「1000=1秒」なので、もっとスピーディーにスライドを移動させたい場合には、「slideSpeed: 100」などとすると速くなります。

「theme : 'dark'」は、テーマをダークに設定します。themeプロパティには、「light」「basic」「stitch」「dark」の4種類から選べます。このサンプルでは、アコーディオンバーの色が「黒」色になっていますが、「stitch」を設定すると本サイトのデモと同様のカラフルなバーになります。

「cycleSpeed: 3000」は、スライドの切り替えの待機秒数を設定しています。「3000=3秒」なので、3秒経ったら次のスライドが切り替え移動します。「slideSpeed」プロパティはスライドの移動スピードですが、「cycleSpeed」プロパティは、次のスライドを表示するまでの待機時間を設定します。

「enumerateSlides : true」は、アコーディオンバーにスライド番号を表示するかどうかを設定します。表示したい場合はtrue、表示したくない場合はfalseを設定します。

なお、先ほどの「memo」でも書いたように、最初はこのサンプルを使用したほうが簡単に使えます。このサンプルでは、初心者にわかりやすいように、無駄なコードや設定を排除しています。特に、まだまだjQueryを理解するには時間がかかるといった方は、このサンプルを利用してください。

liteAccordionには、ここで紹介した以外にも各種設定プロパティが多くあります。以下でプロパティを確認し、使用できるものは使ってみてください（以下のWebページをスクロールさせた「Options」の項目にあります）。なお、このページでは、実際に動作を確認することができます。

●liteAccordionプロパティ確認ページ
http://stitchui.com/liteaccordion/

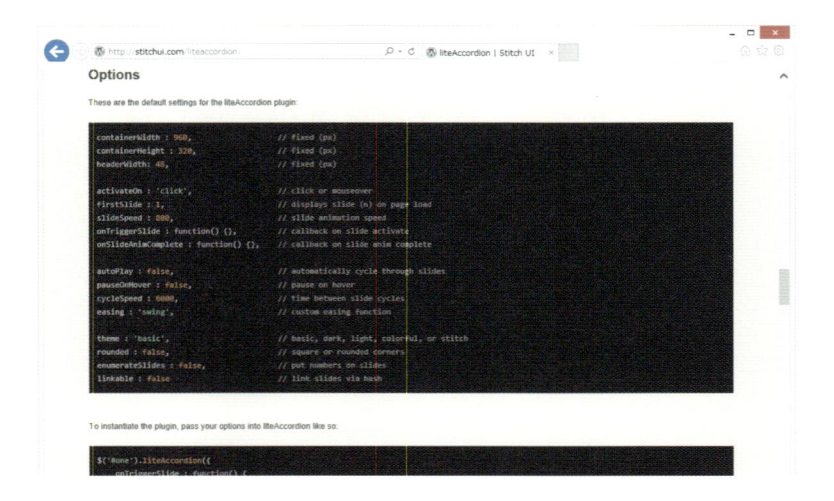

▶ 画像の追加

スライドを追加したい場合は、HTMLで追加します。このときに必要な要素は、li要素となります。このli要素の「<h2>Slide One</h2>」が、アコーディオンバーに表示される見出し文字列となります。

figure要素内のimg要素は、スライド1枚の画像を表示しています。figcaptionは、img要素に重なり上に乗った状態で表示される文字を設定します。figcaptionの幅は文字の長さに合わせて拡縮する仕組みです。長すぎると切れてしまいますので、調整と確認を行いながら記述しましょう。

```
<div id="contents">
<ol>
<!-- page1 -->
<li>
        <h2><span>Slide One</span></h2>
        <div>
        <figure>
                <img src="liteAccordion-master/img-demo/1.jpg" alt="image" />
                <figcaption class="ap-caption">Slide One</figcaption>
        </figure>
        </div>
</li>
<!-- page1 -->
 (略)
<!-- page5 -->
 (略)
<!-- page5 -->
</ol>
</div>
```

実際に、6番目にスライドを追加してみましょう。ここでは3番目と同じスライドを追加してみることにします。違うスライドを追加する場合は、このサンプルでは、画像はサンプルフォルダ内の「liteAccordion-master/img-demo/」以下に置きます。

サンプルファイル：ex_liteaccordion2.html

```html
（略）
<!-- page5 -->
<li>
    <h2><span>Slide Five</span></h2>
    <div>
    <figure>
        <img src="liteAccordion-master/img-demo/5.jpg" alt="image" />
        <figcaption class="ap-caption">Slide Five</figcaption>
    </figure>
    </div>
</li>
<!-- page5 -->

<!-- page6 -->
<li>
    <h2><span>Slide Six</span></h2>
    <div>
    <figure>
        <img src="liteAccordion-master/img-demo/3.jpg" alt="image" />
        <figcaption class="ap-caption">Slide Six</figcaption>
    </figure>
    </div>
</li>
<!-- page6 -->
（略）
```

動作を確認して、6番目のスライドが増えていることを確認してください。

アコーディオンのスライドを追加

自分で使うのにあまり自信がない方は、このレッスンのサンプルソースコードの必要な部分のみをコピーして使用してみてください。

jQuery Toggles
（トグルボタン）

jQuery Togglesライブラリは、jQueryを利用して簡単にトグルボタンを作成することができます。スマートフォンサイトではよく見かけるボタンで、ボタンの形状が大きくスマートフォンサイトには適したボタンの1つと言えます。

また、HTML/CSS/JavaScriptを使い自分でボタンを作ろうとしても、見た目以上に難易度は高いものです。そのためここで紹介する「jQuery Toggles」ライブラリを利用することをお勧めします。

このレッスンでもサンプルコードを準備しました。一般的な設定方法を解説してありますので、サンプルコードを使って使用方法を学んでください。

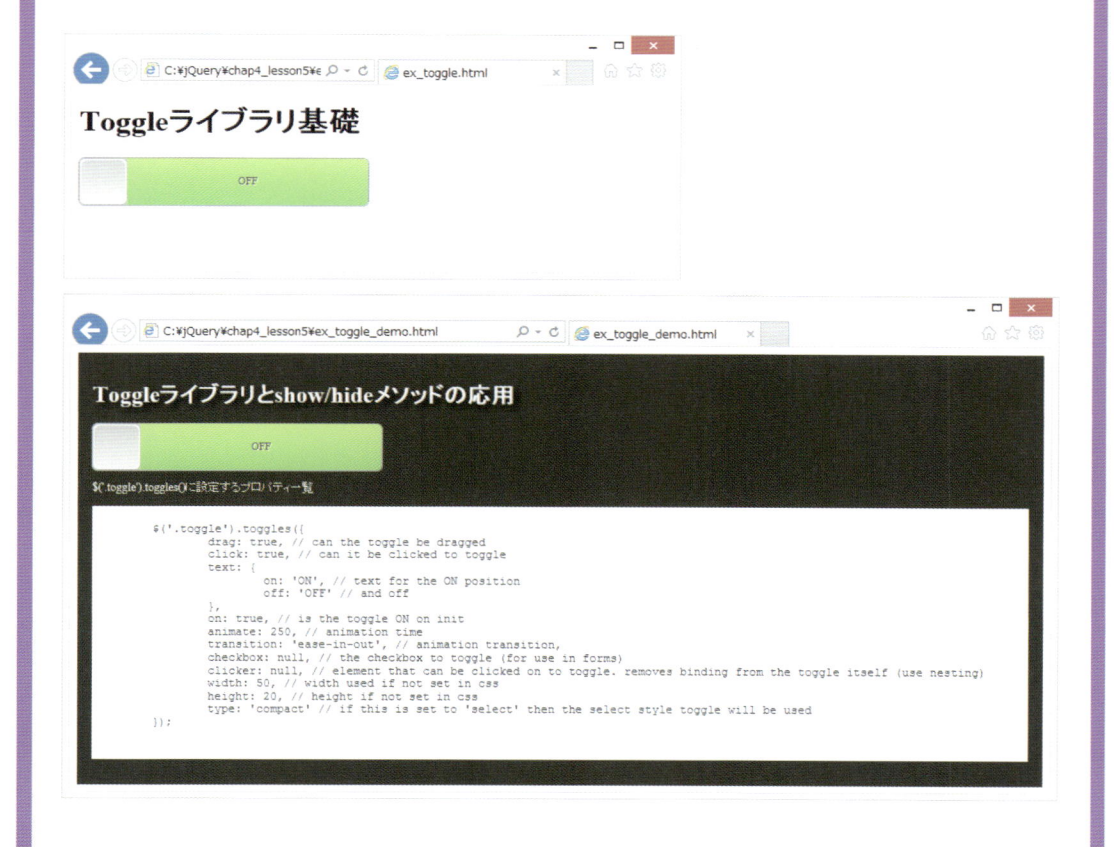

jQuery Togglesライブラリの設定

jQuery Togglesライブラリをダウンロードして、設定を行います。

1 jQuery Togglesライブラリのダウンロード
以下のサイトにアクセスし、画面中央の「Download（v3）.zip」ボタンをクリックします。

●jQuery Togglesのダウンロードサイト
http://simontabor.com/labs/toggles/

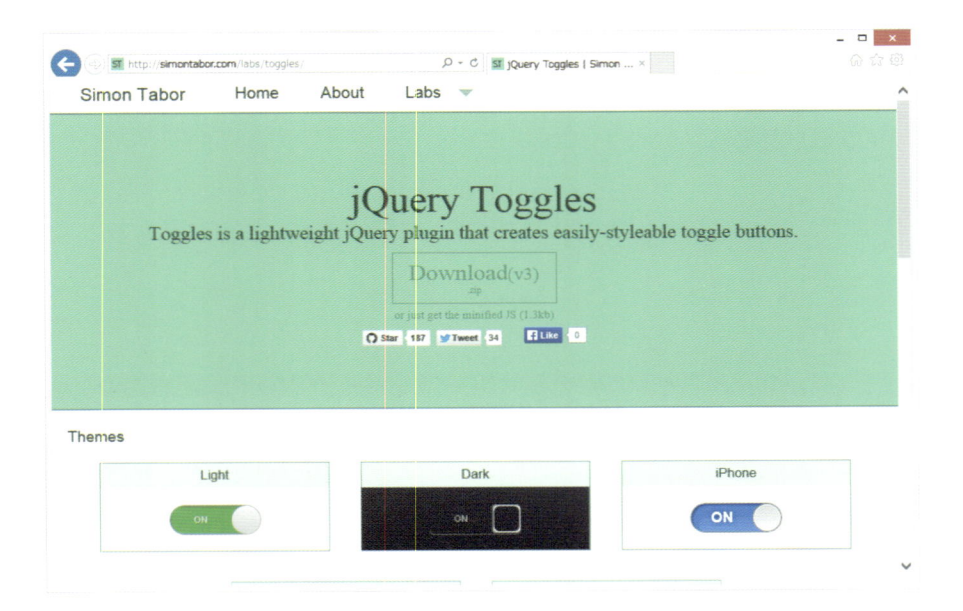

> ⓘ **memo**
>
> **jQuery Togglesのバージョン、ライセンス、対応ブラウザ**
>
> このレッスンでの解説は、jQuery Togglesの執筆時の最新バージョンで行っています。今後のバージョンアップなどで、仕様変更や利用方法が変わることがありますので、ご注意ください。
>
> 執筆時のバージョン：v3.1.3
> 対応ブラウザ：Firefox／Safari／Chrome／IE
> jQuery：jQuery 2.x／1.x
> ライセンス：MIT

2 ファイルを解凍する

「jquery-toggles-master.zip」がダウンロードされるので、ZIP圧縮を解凍して使用します。

解凍後のファイル一覧

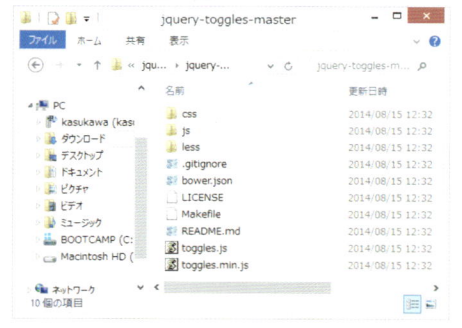

3 以下のファイルを読み込んで利用する

HTMLファイル側では、「jQuery Togglesライブラリ」の以下の2つのファイルを読み込んで使用します。CSSファイルは、解凍したフォルダ内の「CSS」フォルダにあります。

- toggles-full.css
- toggles.min.js

ただし、「toggles.min.js」は、jQueryを読み込んだあとに読み込むように配置します。

書式：jQuery Toggles ライブラリの読み込み

```
<link rel="stylesheet" href="パス名/toggles-full.css">

<script src="http://code.jquery.com/jquery-2.1.1.min.js"></script>
<script src="パス名/toggles.min.js"></script>
```

なお、以下のようにトグルボタンの外観は、複数あります。使いたいデザインがあれば、クラス名を指定することでデザインを変えることができます。

jQuery Toggles のスタイル一覧

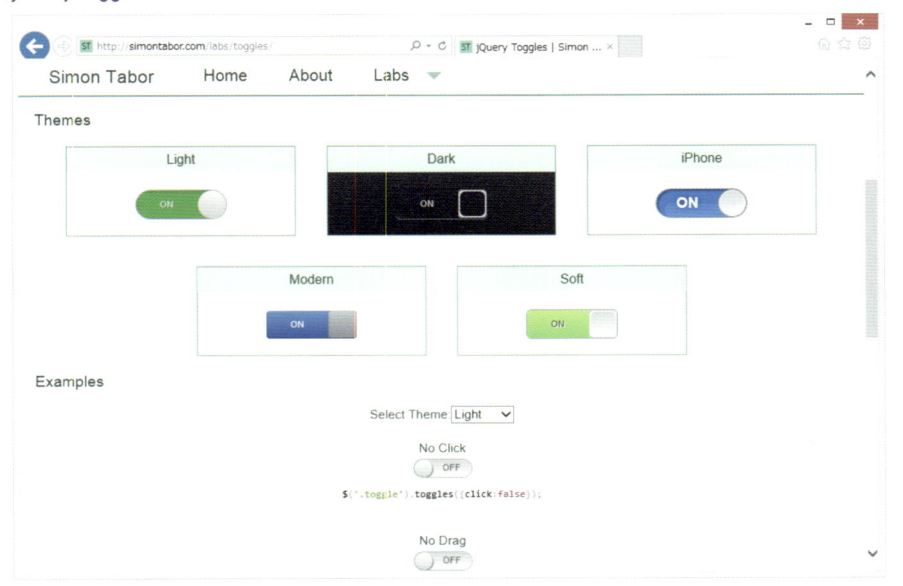

外観	クラス名
[Soft]	toggles-soft
[Modern]	toggles-modern
[Light]	toggles-light
[iphone]	toggles-iphone
[Dark]	toggles-dark

クラス名の指定箇所などは、以降のサンプルファイルの解説をご覧ください。

→ jQuery Togglesライブラリの利用例

　jQuery Togglesの動作を確認するために、以下のサンプルプログラムを用意しました。
　実際にこのサンプルを使って、動作を確認してみましょう。まずは最低限の動作を確認するサンプルです。レッスンの冒頭の画面のように、ブラウザでサンプルファイルを開くと、トグルボタンが表示されます。
　なお、このサンプルでは、トグルボタンを操作するだけでなく、見出しをクリックすることで、トグルが切り替わるように設定しています。

サンプルファイル：ex_toggle.html

```html
<!DOCTYPE html>
<html>
<head>
<meta charset="UTF-8">
<link rel="stylesheet" href="jquery-toggles-master/css/toggles-full.css">
<title>ex_toggle.html</title>
<script src="http://code.jquery.com/jquery-2.1.1.min.js"></script>
<script src="jquery-toggles-master/toggles.min.js"></script>
<script>
$(document).ready(function(){
//この中に処理を記述 開始

//トグルの表示設定
$(".toggle").toggles({
    clicker: $("h1"),
    click: true,    //クリックで切り替え
    height: 50      //トグルボタンの高さ
});

//この中に処理を記述 終了
});
</script>
<style>
#toggle{
    width: 300px;           /* toggleの横幅 */
    text-align: center;     /* on/offの文字の位置 */
    }
</style>
</head>
<body>
<div id="content">
<h1>Toggleライブラリ基礎</h1>
<!-- トグルボタン -->
<div id="toggle" class="toggle-soft">
    <div class="toggle toggle-select" data-type="select"></div>
</div>
<!-- /トグルボタン -->
</div>
</body>
</html>
```

▶ jQuery Togglesの動作の設定

　最初にHTML部分から見ていきましょう。「<div id="toggle" class="toggle-soft">」のクラス名で指定している部分が、トグルボタンのデザインになります。ここを「toggle-modern」「toggle-dark」「toggle-light」「toggle-iphone」に変更することで、トグルボタンの外観が変わります。みなさんで試してみてください。

　このソースコードの「//トグルの表示設定」以降が、jQuery Togglesの動作を設定するプロパティになります。ソースコードのコメントを見ればわかるように、最低限のプロパティしか設定していませんが、実際には以下のプロパティも設定できます。各プロパティの動作は、ソースコードのコメントを参照してください。

　なお、textプロパティのみ記述方法が違うので注意してください。また、以降にあるようにトグルボタンの横幅は、CSSのwidthプロパティで指定が必要になります。

```
$('.toggle').toggles({
    drag: true,       // ドラッグ操作にOKする
    click: true,      // クリック操作にOKする
    text: {
        on: 'ON',     // ONの表示文字列を指定可能
        off: 'OFF'    // OFFの表示文字列を指定可能
    },
    on: true,                         // ブラウザ表示の初期表示「ON」「OFF」の設定
    animate: 250,                     // アニメーションにかける時間
    transition: 'ease-in-out',        // アニメーション加速度エフェクト
    checkbox: null,                   // チェックボックと連携する
    clicker: null,                    // 他の要素で、クリックイベントが発生したらトグルを切り替える
    height: 20                        // トグルボタンの高さ
});
```

　さらに、<style>要素で最低限必要なスタイルの記述があります。デフォルトでは、トグルは画面いっぱいに横幅が広がるようにCSSが組まれています。そのため「トグルを覆う要素」か「トグルの要素」に対してスタイルで横幅の指定が必要になることを知っておきましょう。

　またON、OFFの文字列も「text-align: center」を使用して見やすい位置に配置する必要があります。サンプルファイルではすでにスタイルを適応しているので、サンプルを利用して使いまわしてもらえればと思います。

```
<style>
#toggle{
        width: 300px;              /* toggleの横幅 */
        text-align: center;        /* on/offの文字の位置 */
        }
</style>
```

jQuery Togglesライブラリの利用例(応用)

　先ほどのサンプルはトグルボタンがON/OFFするだけでしたが、実際にはON/OFFに合わせて何かしらのアクションがあるはずです。そこで応用例として、サンプルファイル「ex_toggle_demo.html」を用意しました。
　まずは、このファイルを読み込んで動作を確認してみましょう。ONのときには表示されていた下のプロパティー覧が、トグルボタンをオフにするとアニメーションをしながら見えなくなります。

ブラウザで表示した際の画面

トグルをクリックしてONからOFFに切り替わる瞬間の画面

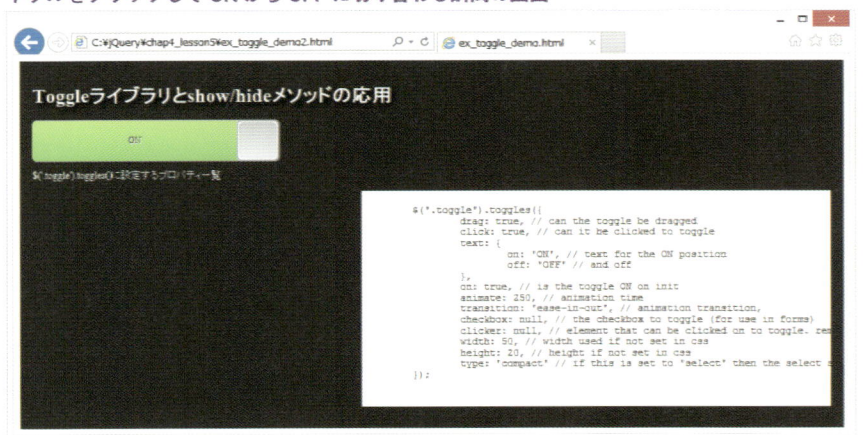

トグルが ON から OFF に切り替った後の画面

それではソースコードを見ていきます。

サンプルファイル：ex_toggle_demo.html

```html
<!DOCTYPE html>
<html>
<head>
<meta charset="UTF-8">
<link rel="stylesheet" href="jquery-toggles-master/css/toggles-full.css">
<title>ex_toggle_demo.html</title>
<script src="http://code.jquery.com/jquery-2.1.1.min.js"></script>
<script src="jquery-toggles-master/toggles.min.js"></script>
<script>
$(document).ready(function(){
//この中に処理を記述 開始

//トグルの表示設定
$(".toggle").toggles({
    click: true,  //クリックで切り替え
    drag: true,   //ドラッグ操作にOKする
    height: 50    //トグルボタンの高さ
});
//トグルをクリックした時の処理
$('.toggle').on('toggle', function (e, active) {
    if (active) {
        //OFF→ONにした場合の処理
        alert("ON:DIVを表示");
        $("#slide").show('fast').animate({"marginLeft":"0px"});
    } else {
        //ON→OFFにした場合の処理
        alert("OFF:DIVを非表示");
        $("#slide").animate({"marginLeft" : "400px"}).hide('fast');
    }
});

//この中に処理を記述 終了
```

```html
        });
    </script>
    <style>
        #content{color: #fff; padding: 15px; font-size: 12px; background-color: #243300}
        h1{text-shadow: 4px 4px 7px black}
        pre{color: #333; padding: 5px; background-color: #fff; overflow: hidden; -o-text-overflow: ellipsis; text-overflow: ellipsis}
        #toggle{width: 300px; text-align: center}
    </style>
</head>
<body>
<div id="content">
<h1>Toggleライブラリとshow/hideメソッドの応用</h1>
<!-- トグルボタン -->
<div id="toggle" class="toggle-soft">
    <div class="toggle toggle-select" data-type="select"></div>
</div>
<!-- /トグルボタン -->
<!-- 表示・非表示エリア -->
<div>
    <p>$('.toggle').toggles()に設定するプロパティ一覧</p>
    <pre id="slide">
    <code>
    $('.toggle').toggles({
        drag: true, // can the toggle be dragged
        click: true, // can it be clicked to toggle
        text: {
            on: 'ON', // text for the ON position
            off: 'OFF' // and off
        },
        on: true, // is the toggle ON on init
        animate: 250, // animation time
        transition: 'ease-in-out', // animation transition,
        checkbox: null, // the checkbox to toggle (for use in forms)
        clicker: null, // element that can be clicked on to toggle. removes binding from the toggle itself (use nesting)
        width: 50, // width used if not set in css
        height: 20, // height if not set in css
        type: 'compact' // if this is set to 'select' then the select style toggle will be used
    });
    </code>
    </pre>
<div>
<!-- /表示・非表示エリア -->

</div>
</body>
</html>
```

▶ 応用例のソースコードの解説

トグルの動作を設定する箇所では、「drag」をtrueにすることでドラッグでの操作も可能にしています。

トグルボタンをON／OFFにした際の処理について解説します。ON／OFFを切り替えたときに「何かをさせたい」ので、「何をさせる」といった処理を書く場所が「if(active){..…}else{…..}」の箇所になります。

```javascript
//トグルをクリックした時の処理
$('.toggle').on('toggle', function (e, active) {
        if (active) {
                //OFF→ONにした場合の処理
                alert("ON:DIVを表示");
                $("#slide").show('fast').animate({"marginLeft":"0px"});
        } else {
                //ON→OFFにした場合の処理
                alert("OFF:DIVを非表示");
                $("#slide").animate({"marginLeft" : "400px"}).hide('fast');
        }
});
```

ON、OFFの切り替えの際に、alertダイアログを表示し、「$("#slide")」に対してアニメーションと表示・非表示を実行しています。

- OFF→ONの場合、$("#slide")を表示、アニメーションは横0pxへ移動
- ON→OFFの場合、$("#slide")を非表示、アニメーションは横に400pxへ移動

基礎編で解説した「メソッドチェーン」を利用して非表示にする前に、移動させたりすると見栄えも変わるので、メソッドの順番も応用するポイントの1つです。

Lesson 6　Chapter 5

responsive nav（ナビゲーション）

responsive navライブラリは、レスポンシブなナビゲーションを簡単にWebページ内で使えるようにするライブラリです。画面上のナビゲーションをスマートフォンなどのデバイスで表示した場合に、コンパクトなメニューに変換する機能をもっています。

responsive navの使用方法は、本当にシンプルです。CSS3のメディアクエリーが使用できることが前提ですので、IE8以下の対応には「respond.js」を追加で読み込む必要があります。ナビゲーションをコンパクトにする方法としては、非常にシンプルで扱いやすいライブラリなので、スマートフォンサイト構築に必要な場合は、ぜひ一度お試しください。

このレッスンでもサンプルコードを準備しました。IE対応のサンプルで解説します。サンプルコードを使って使用方法を学んでください。

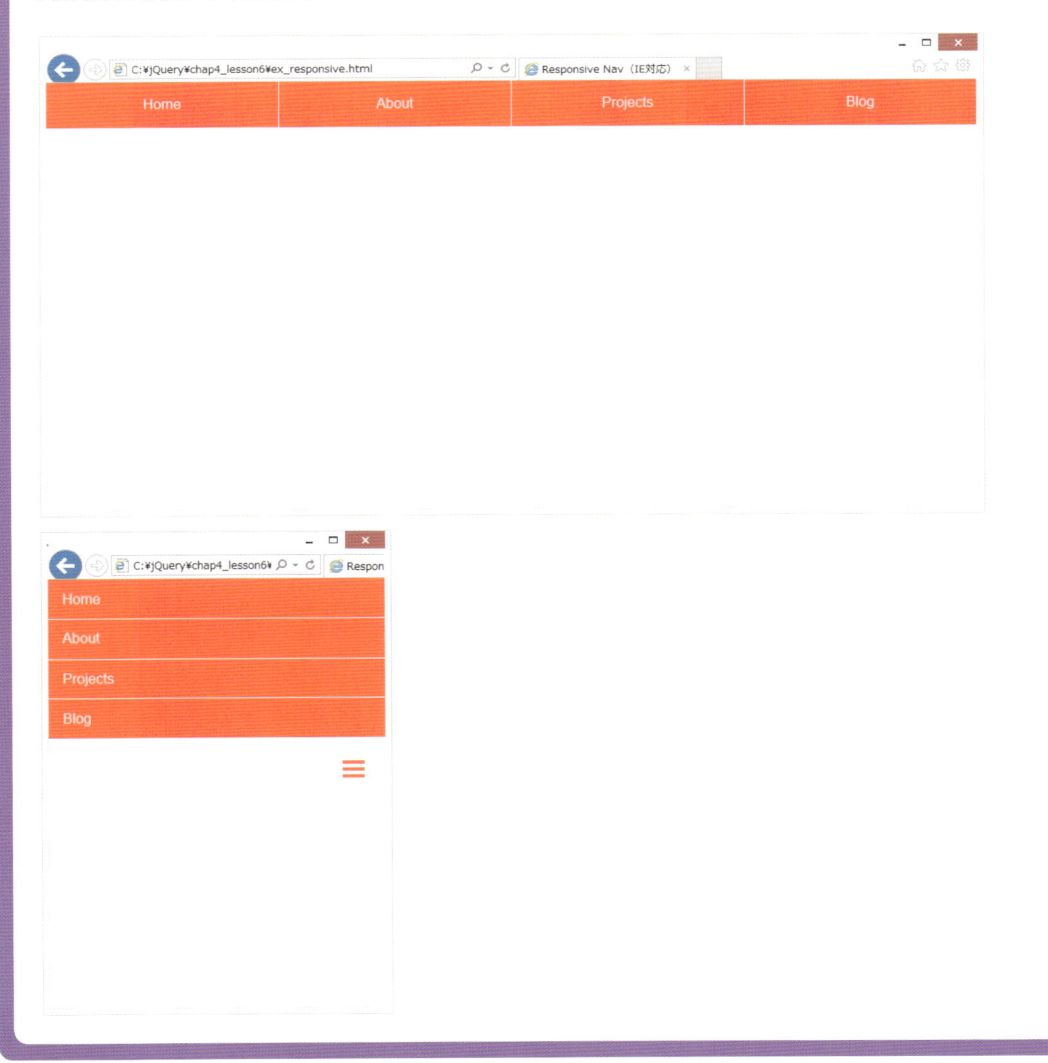

responsive navライブラリの設定

responsive navsライブラリをダウンロードして、設定を行います。

1 responsive navライブラリのダウンロード
以下のサイトにアクセスし、画面中央の「Download」ボタンをクリックします。

●responsive navのダウンロードサイト

http://responsive-nav.com/

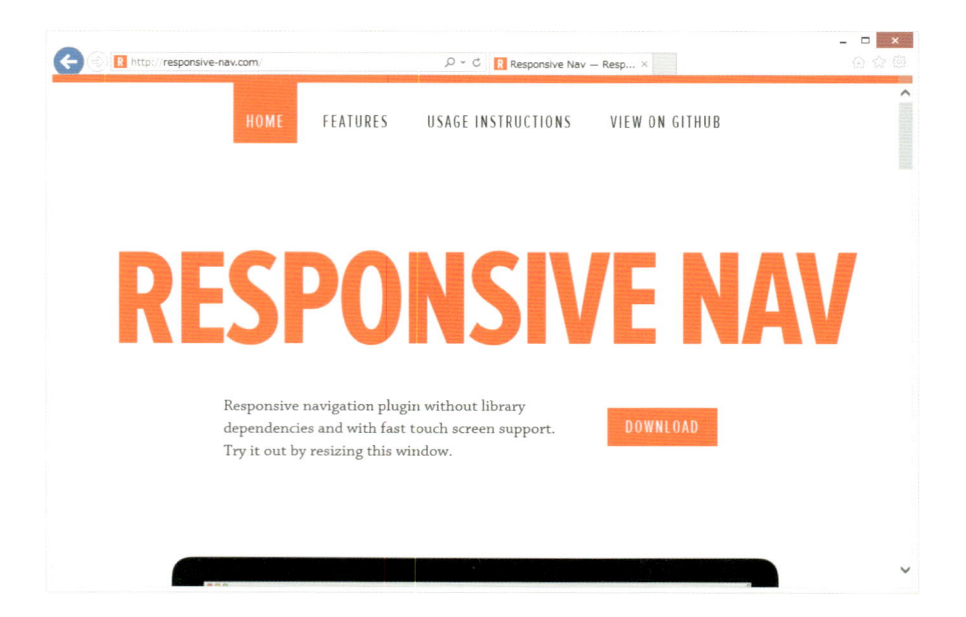

ⓘ memo

responsive navのバージョン、ライセンス、対応ブラウザ

このレッスンでの解説は、responsive navの執筆時の最新バージョンで行っています。今後のバージョンアップなどで、仕様変更や利用方法が変わることがありますので、ご注意ください。

執筆時のバージョン：v1.0.32
対応ブラウザ：Firefox／Safari／Chrome／IE
jQuery：必須ではない
ライセンス：MIT

2 ファイルを解凍する

「responsive-nav.js-master.zip」がダウンロードされるので、ZIP圧縮を解凍して使用します。

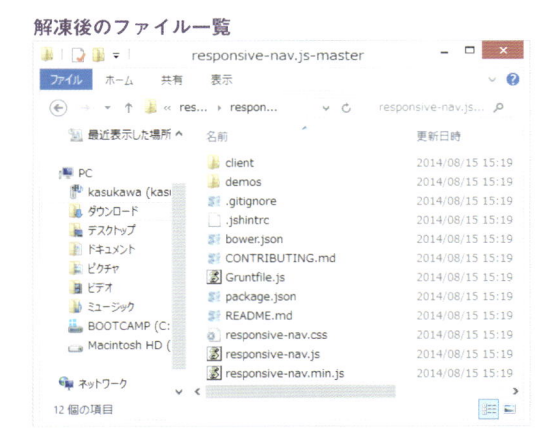

解凍後のファイル一覧

なお、このレッスンでは「responsive-nav.js-master」フォルダはそのまま使いません。ここでは筆者が作成した以下のファイル群を使ってください（本書のサンプルファイルのダウンロードサイトより、ダウンロードしてください）。

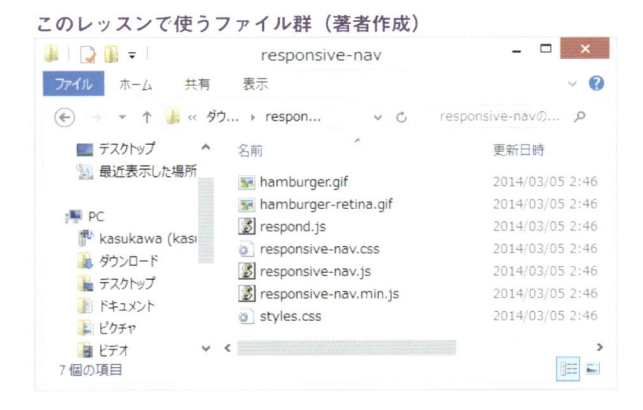

このレッスンで使うファイル群（著者作成）

> ## ⚠ memo
>
> ### responsive navライブラリをダウンロードして使う場合の注意事項
>
> みなさんが直接サイトからライブラリをダウンロードして使用する際には、このレッスンで解説する以外の事項・知識が必要になります。
> 慣れるまでは、このレッスンのサンプルを流用して使用することをお勧めします。ここで紹介するサンプルは、HTMLファイルもシンプルに修正してあり、最低限の記述になっています。このため「responsive navライブラリ」のサイトから直接ダウンロードするよりは、簡単に使用できます。

3 以下のファイルを読み込んで利用する

HTMLファイル側では、ダウンロードファイルにある「responsive-nav」フォルダの以下の2つのファイルを読み込んで使用します。CSSファイル「styles.css」の中で「@media」(メディアクエリー)を指定している箇所がありますが、「40em」＝「640px」を基準にナビゲーションを変更しています。

- styles.css
- responsive-nav.min.js

「responsive-nav.min.js」は、jQueryライブラリは必要ありませんので、このサンプルではjQueryライブラリを読み込んでいません。

書式：responsive nav ライブラリの読み込み
```
<link rel="stylesheet" href="パス名/styles.css">

<!--[if lte IE 8]><script src="パス名/respond.js"></script><![endif]-->
<script src="パス名/responsive-nav.min.js"></script>
```

➔ responsive navライブラリの利用例

responsive navの動作を確認するために、以下のサンプルプログラムを用意しました。

実際にこのサンプルを使って、動作を確認してみましょう。レッスンの冒頭の画面のように、PCのブラウザでサンプルファイルを開くと、横にナビゲーションが表示されます。続いて、スマートフォンのブラウザでアクセスしてみましょう。今度は、ナビゲーションのボタンが表示され、ボタンをクリックすることで縦にメニューが表示されます。

スマートフォンのブラウザでなくても、ブラウザの横幅を縮めていくと同様に動作を確認することができます。

サンプルファイル：ex_responsive.html
```html
<!DOCTYPE html>
<html>
<head>
<meta charset="UTF-8">
<title>Responsive Nav (IE対応)</title>
<meta name="viewport" content="width=device-width,initial-scale=1">
<link rel="stylesheet" href="responsive-nav/styles.css">
<!--[if lte IE 8]><script src="responsive-nav/respond.js"></script><![endif]-->
<script src="responsive-nav/responsive-nav.min.js"></script>
</head>
<body>
<div id="nav">
    <ul>
    <li><a href="#">Home</a></li>
```

```
        <li><a href="#">About</a></li>
        <li><a href="#">Projects</a></li>
        <li><a href="#">Blog</a></li>
      </ul>
    </div>
    <button id="nav-toggle">Menu</button>

    <script>
        var navigation = responsiveNav("#nav", {
        customToggle: "#nav-toggle"
        });
    </script>
    </body>
</html>
```

　このライブラリはjQueryを必須としません。そのため、他のライブラリとは違い、</body>の前に<script></script>を書くことで要素を読み込んでから処理させるように記述してあります（ライブラリの元のサンプルコードでも同様の記述となっています）。

▶ responsive navの動作の設定

　このソースコードの「<script>」の部分が、responsive navの動作を設定しています。「customToggle: "#nav-toggle"」は、ある一定の画面サイズより横幅が狭くなった場合に（640px以下など）、ナビゲーションのリンクを「1つのボタン」に変換します（ナビゲーションのメニューは、リンクをクリックすると表示されます）。

　スマートフォンサイズで見た時にPCサイトのナビゲーションでは、画面に入りきらないため、ボタンに変換されるわけです。そのボタンのid名を記載するのが「customToggle」になります。"#nav-toggle"を指定することで、スマホで見るとリンクが非表示となり、"#nav-toggle"のボタンに格納されるという仕組みです。そのため、このid名はボタンである必要があります。

　ナビゲーションはli要素で記述しますが、こちらもresponsiveNavメソッドで指定したセレクタ"#nav"をナビゲーションメニューの一覧にidタグで指定しておきます。

　responsive navには、ここで紹介した以外にも各種設定プロパティが多くあります。今回のサンプルファイルでは使っていませんが、以下のプロパティ一覧ページのURLから確認してみてください。

●responsive navのプロパティ一覧ページ

http://responsive-nav.com/#instructions

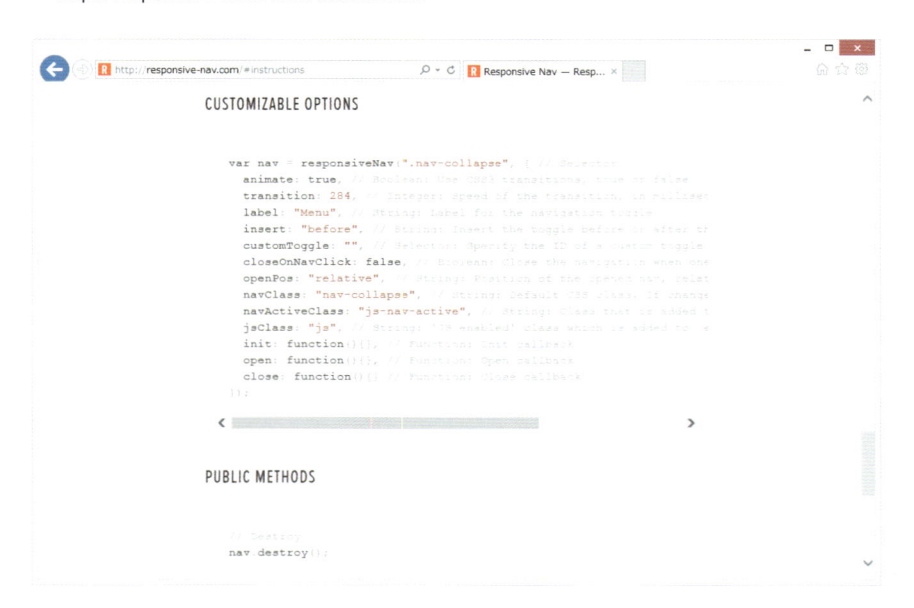

なお、先ほどの「memo」でも書いたように、responsive navライブラリの一部のみ厳選して使用しているため、IE対応に必要なファイルのみを使っています。すべてのresponsive navライブラリを使用したい、または確認したい場合は、本サイトにてダウンロードしてください。

Lesson 7　Chapter 5

alertify.js（ダイアログ／アラート）

alertify.jsライブラリを利用すると、「ダイアログ／アラート／Notification（通知）」をデザイン性よくWebページに実装することが可能です。既存のWebサイト／Webアプリケーションに手間を掛けずに追加設置できるのも魅力の1つと言えます。

デザイン性だけではなく「非表示のタイミング」（自動で非表示にする秒数）も設定可能です。一般的に、「ダイアログ／アラート／Notification（通知）」はブラウザ標準のグレーのアラートを使用することが多いのですが、alertify.jsライブラリを使用することで他のサイトとの違いを出すことができます。設置のしやすさと低い学習コストが、スピード重視の制作現場でも力を発揮してくれます。

このレッスンでもサンプルコードを準備しました。一般的な設定方法を解説してありますので、サンプルコードを使って使用方法を学んでください。

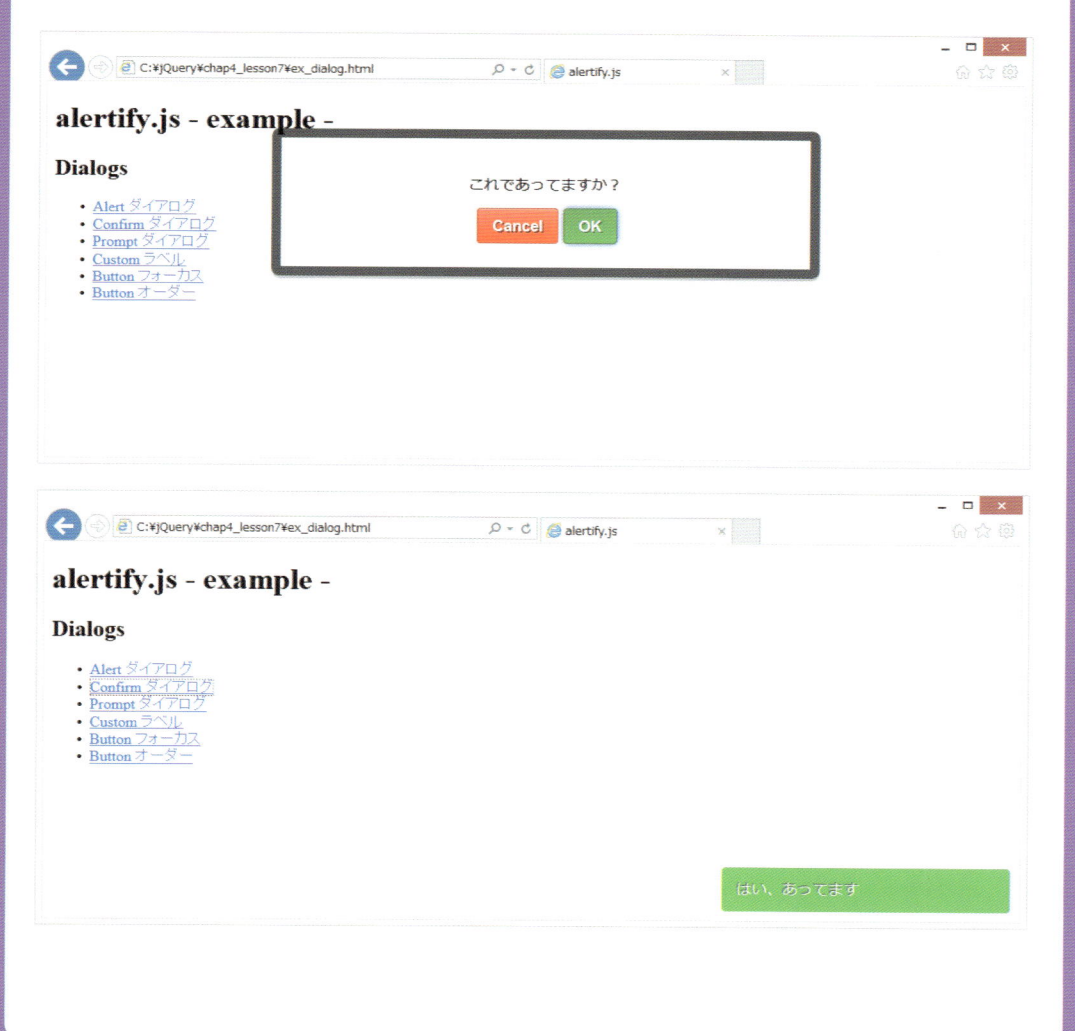

alertify.jsライブラリの設定

alertify.jsライブラリをダウンロードして、設定を行います。

1 alertify.jsライブラリのダウンロード

以下のサイトにアクセスし、画面を下にスクロールさせて「Download」ボタンをクリックします。

●alertify.jsのダウンロードサイト
http://fabien-d.github.io/alertify.js/

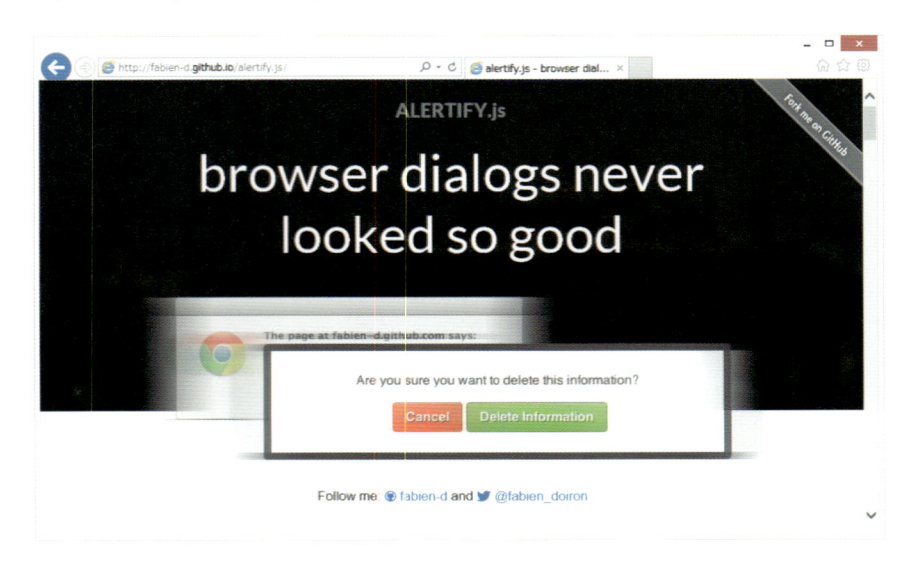

(!) memo

alertify.jsのバージョン、ライセンス、対応ブラウザ

このレッスンでの解説は、alertify.jsの執筆時の最新バージョンで行っています。今後のバージョンアップなどで、仕様変更や利用方法が変わることがありますので、ご注意ください。

執筆時のバージョン：v0.3.11
対応ブラウザ：Firefox／Safari／Chrome／IE8〜／iOS／Android
jQuery：jQuery 2.x／1.x
ライセンス：MIT

2 ファイルを解凍する

「alertify.js-0.3.11.zip」がダウンロードされるので、ZIP圧縮を解凍して使用します。

解凍後のファイル一覧

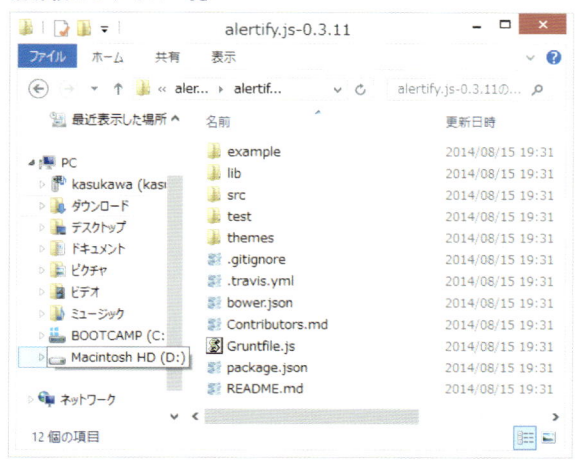

3 以下のファイルを読み込んで利用する

HTMLファイル側では、「alertify.jsライブラリ」の以下の3つのファイルを読み込んで使用します。CSSファイルは「themes」フォルダの下に、JavaScriptファイルは「lib」フォルダの下にあります。
このレッスンのサンプルプログラムでは、「themes」フォルダと「lib」フォルダのみを同じフォルダに置いて利用します。

- alertify.default.css
- alertify.core.css
- alertify.min.js

ただし、「alertify.min.js」は、jQueryを読み込んだあとに読み込むように配置します。

書式：alertify.js ライブラリの読み込み

```
<link rel="stylesheet" href="パス名/alertify.default.css">
<link rel="stylesheet" href="パス名/alertify.core.css">

<script src="http://code.jquery.com/jquery-2.1.1.min.js"></script>
<script src="パス名/alertify.min.js"></script>
```

alertify.jsライブラリの利用例

alertify.jsの動作を確認するために、以下のサンプルプログラムを用意しました。

実際にこのサンプルを使って、動作を確認してみましょう。レッスンの冒頭の画面のように、標準のシンプルなダイアログではなく、カラフルで動きのあるアラートが表示されます。そして、押されたボタンに対応した通知メッセージ（Notification）が表示されます。

サンプルファイル：ex_dialog.html

```html
<!DOCTYPE html>
<html>
<head>
<meta charset="UTF-8">
<title>alertify.js</title>
<link rel="stylesheet" href="themes/alertify.core.css"/>
<link rel="stylesheet" href="themes/alertify.default.css" id="toggleCSS"/>
<meta name="viewport" content="width=device-width">
<style>.alertify-log-custom {background: blue;}</style>
</head>
<body>
<h1>alertify.js - example - </h1>
<h2>Dialogs</h2>
<ul>
    <li><a href="#" id="alert">Alert ダイアログ</a></li>
    <li><a href="#" id="confirm">Confirm ダイアログ</a></li>
    <li><a href="#" id="prompt">Prompt ダイアログ</a></li>
    <li><a href="#" id="labels">Custom ラベル</a></li>
    <li><a href="#" id="focus">Button フォーカス</a></li>
    <li><a href="#" id="order">Button オーダー</a></li>
</ul>

<script src="http://code.jquery.com/jquery-2.1.1.min.js"></script>
<script src="lib/alertify.min.js"></script>
<script>

//アラート・ダイアログの初期値をセット
function reset () {
    $("#toggleCSS").attr("href", "themes/alertify.default.css");   //このCSSに対して
以下のプロパティを設定（必須）
    alertify.set({
        labels : {
            ok      : "OK",              //ボタン名表示
            cancel  : "Cancel"           //ボタン名表示
        },
        delay : 5000,                    //5秒後に非表示
        buttonReverse : false,           //true=OKが左、false=OKが右
        buttonFocus   : "ok"             //okボタンを表示した際にフォーカスを当てる
    });
```

```
}
//クリックイベント

//Alertダイアログ
$("#alert").on( 'click', function () {
    reset();//表示の初期化
    alertify.alert("アラート表示");
    return false;
});

//Confirmダイアログ
$("#confirm").on( 'click', function () {
    reset();//表示の初期化
    alertify.confirm("これであってますか？", function (e) {
        if (e) {
        alertify.success("はい、あってます"); //OK:notification（通知）
        } else {
        alertify.error("いいえ、ちがいます");  //Cansel:notification（通知）
        }
    });
    return false;
});

//Promptダイアログ
$("#prompt").on( 'click', function () {
    reset();//表示の初期化
    alertify.prompt("入力してください", function (e, str) {
        if (e) {
        alertify.success("入力内容: " + str);  //notification（通知）
        } else {
        alertify.error("キャンセル");           //notification（通知）
        }
    }, "文字列を入力");
    return false;
});

// 【Customラベル】Button表示名を変更する
$("#labels").on( 'click', function () {
    reset();//表示の初期化
    alertify.set({ labels: { ok: "イエス", cancel: "ノー" } });    //ボタン表示名指定
    alertify.confirm("このサンプルはボタン名変更の方法を確認します", function (e) {
        if (e) {
        alertify.success("イエスを選択");
        } else {
        alertify.error("ノーを選択");
        }
    });
    return false;
});
```

```
// 【Buttonフォーカス】Buttonにフォーカスを当てる
$("#focus").on( 'click', function () {
    reset(); //表示の初期化
    alertify.set({ buttonFocus: "cancel" }); //表示した際にボタンにフォーカスを当てる指定：選択肢 [ok／cancel]
    alertify.confirm("Confirm dialog with cancel button focused", function (e) {
        if (e) {
        alertify.success("OKを選択");
        } else {
        alertify.error("Cancelを選択");
        }
    });
    return false;
});

// 【Buttonオーダー】Buttonの右左位置の指定
$("#order").on( 'click', function () {
    reset(); //表示の初期化
    alertify.set({ buttonReverse: true });   //buttonの並びを指定 [true=okが左、false=okが右]
    alertify.confirm("Confirm dialog with reversed button order", function (e) {
        if (e) {
        alertify.success("OKを選択");
        } else {
        alertify.error("Cancelを選択");
        }
    });
    return false;
});

</script>
</body>
</html>
```

▶ alertify.jsダイアログ／アラートの動作の設定

　このソースコードの「//アラート・ダイアログの初期値をセット」の以降にあるreset関数の内容を変更することで、アラート／ダイアログの表示内容に変更を加えることができます（ボタン表示文字も変更可）。

```
labels : {
ok       : "OK",           //ボタン名表示
cancel : "Cancel"          //ボタン名表示
},
delay : 5000,              //5秒後に非表示
buttonReverse : false,     //true=OKが左、false=OKが右
buttonFocus   : "ok"       //okボタンを表示した際にフォーカスを当てる
```

　上記にあるように、「labels」を設定することで、OKやキャンセルのボタン名を指定することができます。また「delay」はボタンを押した際に画面に表示される通知メッセージ（Notification）が自動的に消えるまでの秒数を設定します。「buttonReverse」ではボタンの配置を、「buttonFocus」ではどちらのボタンにフォーカスを当てておくかを設定しています。

　それぞれのダイアログでの動作は、ソースファイルのコメントでイメージはつかめると思いますが、たとえば、Confirmダイアログを表示したい場合は、それに対応したalertify.confirmメソッドを使い、そのプロパティでダイアログに表示するメッセージなどをセットします。そして、どちらのボタンが押されたかによって、どのような通知メッセージを出すかを設定しています。

```
// Confirmダイアログ
$("#confirm").on( 'click', function () {
        reset();        //表示の初期化
        alertify.confirm("これであってますか？", function (e) {
                if (e) {
                        alertify.success("はい、あってます");  //OK:notification（通知）
                } else {
                        alertify.error("いいえ、ちがいます");  //Cansel:notification（通知）
                }
        });
        return false;
});
```

　まだjQueryを理解するには時間がかかるといった方は、このレッスンのサンプルソースコードを使い、必要な部分のみをコピーして実践で使用してみてください。

　このレッスンのサンプルで使っているのは基本的なプロパティだけですが、alertify.jsメソッドには多くのメソッドとプロパティが用意されています。ここでは詳細は解説しませんが、以下でプロパティを確認し、使用できるものは使ってみてください。

●alertify.jsライブラリのプロパティ確認ページ

http://fabien-d.github.io/alertify.js/

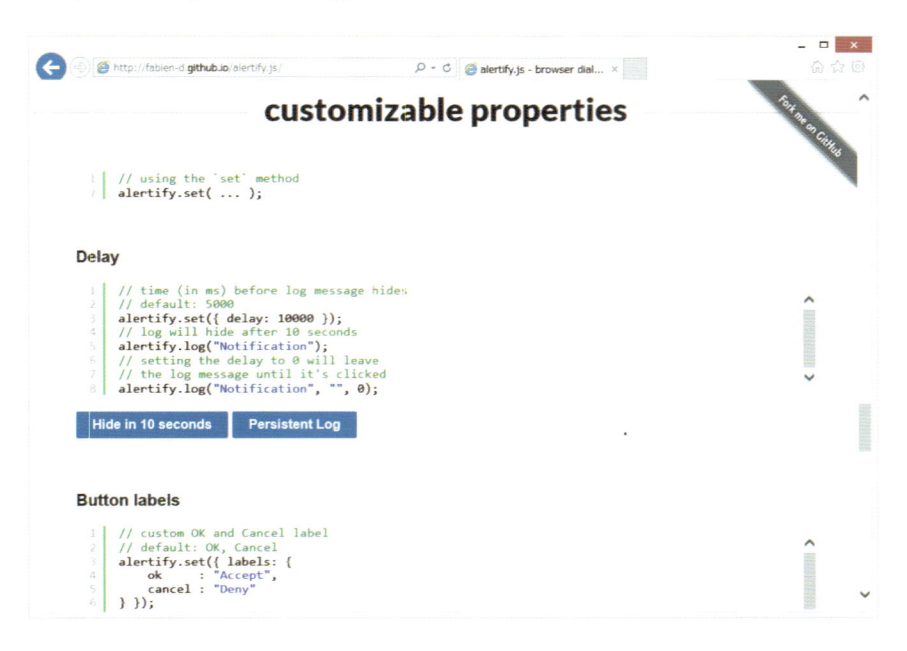

Lesson 8 Chapter 5

TABSLET
（タブ切り替え）

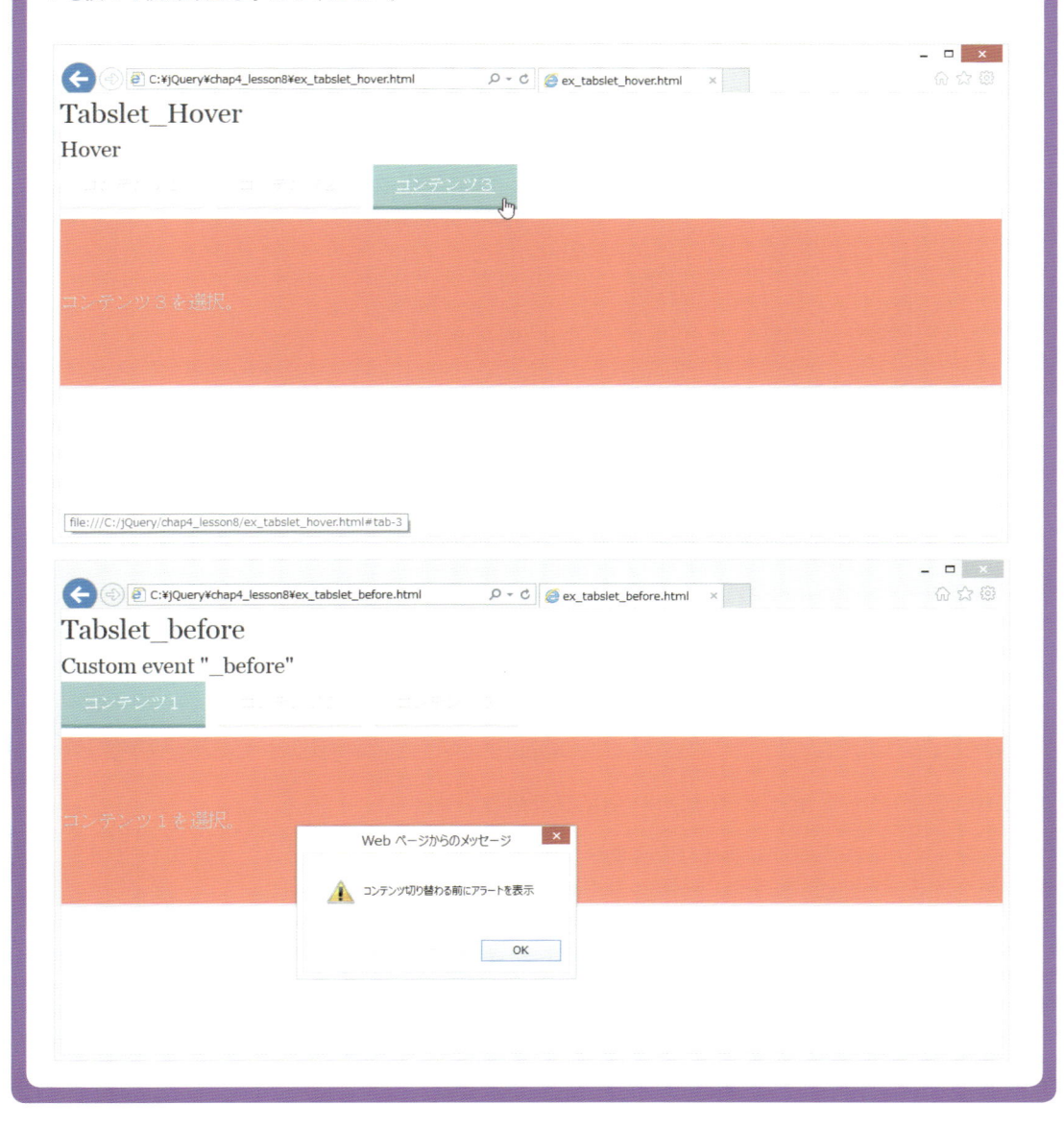

「TABSLET」ライブラリを利用すると、Webページ／Webアプリケーションにタブを実装することが可能になります。複雑なスクリプトを書く必要がないため、初心者にも利用しやすいのが特徴です。このライブラリを使うことで、タブを使ったコンテンツの切り替え表示が簡単に行えるようになります。さらに、タブの設定オプションの変更で、アニメーションをさせるなどいくつかの切り替え方法が選択できます。
このレッスンでもサンプルコードを準備しました。一般的な設定方法を解説してありますので、サンプルコードを使って使用方法を学んでください。

TABSLETライブラリの設定

TABSLETライブラリをダウンロードして、設定を行います。

1 TABSLETライブラリのダウンロード
以下のサイトにアクセスし、画面左の「Download V1.4.1」ボタンをクリックします。

●TABSLETのダウンロードサイト
http://vdw.github.io/Tabslet/

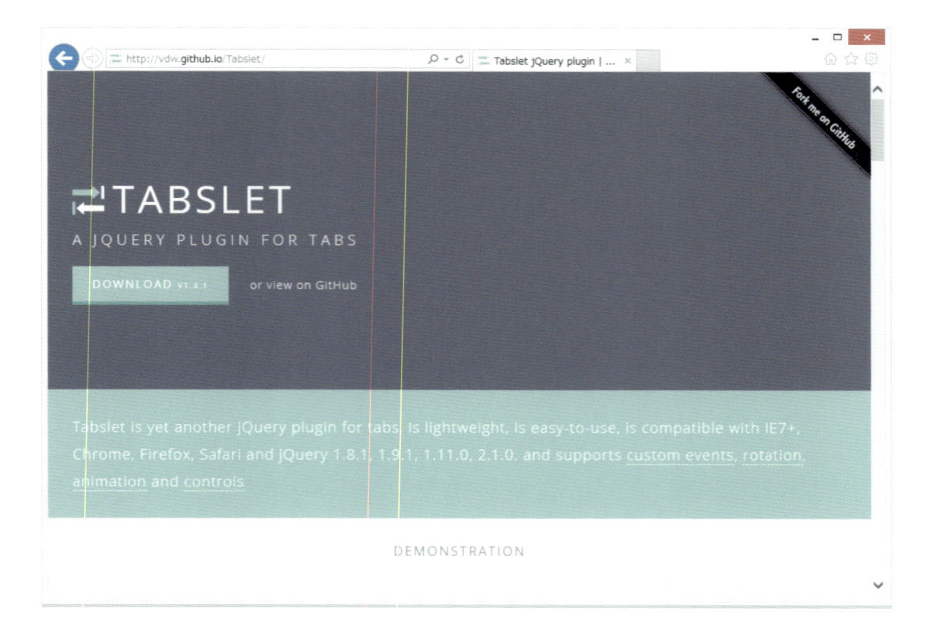

ⓘ memo

TABSLETのバージョン、ライセンス、対応ブラウザ

このレッスンでの解説は、TABSLETの執筆時の最新バージョンで行っています。今後のバージョンアップなどで、仕様変更や利用方法が変わることがありますので、ご注意ください。

執筆時のバージョン：v1.4.2
対応ブラウザ：Firefox／Safari／Chrome／IE7〜
jQuery：jQuery 2.x／1.x
ライセンス：Apache Licence 2.0

2 ファイルを解凍する

「Tabslet-master.zip」がダウンロードされるので、ZIP圧縮を解凍して使用します。

解凍後のファイル一覧

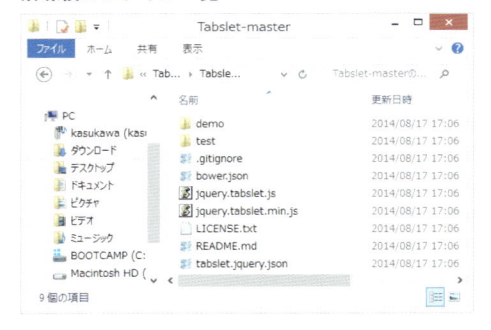

3 以下のファイルを読み込んで利用する

HTMLファイル側では、「TABSLETライブラリ」の以下のファイルを読み込んで使用します。

- jquery.tabslet.min.js

ただし、「jquery.tabslet.min.js」は、jQueryを読み込んだあとに読み込むように配置します。

書式：alertify.js ライブラリの読み込み

```
<script src="http://code.jquery.com/jquery-2.1.1.min.js"></script>
<script src="パス名/jquery.tabslet.min.js"></script>
```

→ TABSLETライブラリの利用例（tabs_default）

　TABSLETの動作を確認するために、以下に複数のサンプルプログラムを用意しました。それぞれ実行してみて、タブの実装方法とプロパティを確認していきましょう。

　まずは「tabs_default」プロパティの場合です。このプロパティでは、一般的なタブ切り替えの機能を実装できます。

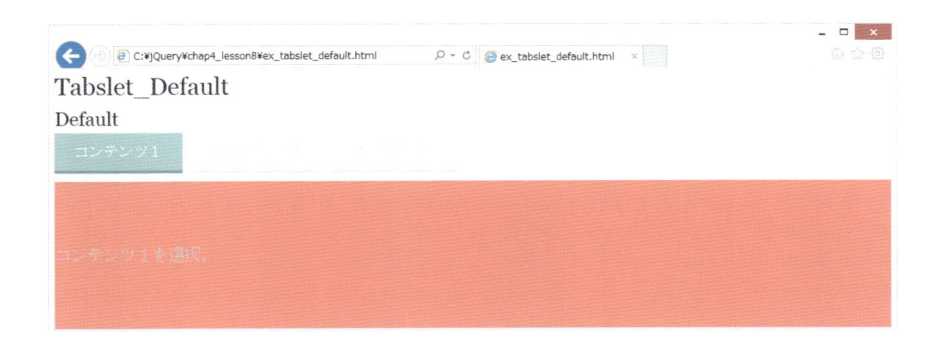

サンプルファイル：ex_tabslet_default.html

```html
<!DOCTYPE html>
<html>
<head>
<meta charset="UTF-8">
<title>ex_tabslet_default.html</title>
<script src="http://code.jquery.com/jquery-2.1.1.min.js"></script>
<script src="./Tabslet-master/jquery.tabslet.min.js"></script>
<script>
$(document).ready(function(){
//この中に処理を記述 開始

$('.tabs').tabslet(); //class="tabs"の要素に対してタブ化

//この中に処理を記述 終了
});
</script>
<link rel="stylesheet" href="./Tabslet-master/demo/stylesheets/reset.css">
<link rel="stylesheet" href="./Tabslet-master/demo/stylesheets/styles.css">
<link rel="stylesheet" href="./Tabslet-master/demo/stylesheets/typography.css">
</head>
<body>
<h1>Tabslet_Default</h1>
<!-- Tabslet -->
<h2>Default</h2>
<div class='tabs tabs_default'>
    <ul class='horizontal'>
        <li><a href="#tab-1">コンテンツ1</a></li>
        <li><a href="#tab-2">コンテンツ2</a></li>
        <li><a href="#tab-3">コンテンツ3</a></li>
    </ul>
    <div id='tab-1'><h3>コンテンツ1を選択。</h3></div>
    <div id='tab-2'><h3>コンテンツ2を選択。</h3></div>
    <div id='tab-3'><h3>コンテンツ3を選択。</h3></div>
</div>
<!-- Tabslet -->
</body>
</html>
```

▶ TABSLETライブラリの基本的な使用方法

　Tabsletライブラリの利用時には、いくつかポイントがあります。先にタブとコンテンツのブロックをHTMLで準備します。サンプルコードと以下の内容を参考にしてください。

```html
<div class='tabs tabs_default'>
    <ul class='horizontal'>
        <li><a href="#tab-1">コンテンツ1</a></li>
        <li><a href="#tab-2">コンテンツ2</a></li>
        <li><a href="#tab-3">コンテンツ3</a></li>
    </ul>
    <div id='tab-1'><h3>コンテンツ1を選択。</h3></div>
    <div id='tab-2'><h3>コンテンツ2を選択。</h3></div>
    <div id='tab-3'><h3>コンテンツ3を選択。</h3></div>
</div>
```

　div要素に「class="tabs タブプロパティ"」を必ず記述する必要があります。このサンプルのタブプロパティは「tabs_default」ですが、ほかのプロパティは以降で紹介していきます。

　そして重要なポイントとして、上記のリストに青字で示したように、タブボタンのアンカーリンク「href="#tab-番号"」と、コンテンツ領域のid属性「id="tab-番号"」は一致している必要があります。また、タブを1つ増やす場合は、

```html
<li><a href="#tab-4">コンテンツ4</a></li>
```

```html
<div id='tab-4'><h3>コンテンツ4を選択。</h3></div>
```

のように追加します。

TABSLETライブラリの利用例(tabs_active)

続いて、「tabs_active」プロパティの場合です。このプロパティでは、Webページを読み込んだ際に、最初に表示させるタブの位置を設定することができます。

サンプルファイル：ex_tabslet_active.html

```javascript
(略)
$(document).ready(function(){
//この中に処理を記述 開始

$('.tabs').tabslet({
    active: 2      //2番目のタブを選択
});

//この中に処理を記述 終了
});
 (略)
<!-- Tabslet -->
<h2>Active</h2>
<div class='tabs tabs_active'>
    <ul class='horizontal'>
 (略)
```

➡ TABSLETライブラリの利用例（tabs_hover）

続いて、「tabs_hover」プロパティの場合です。このプロパティでは、タブにマウスオーバーすることで、コンテンツを切り替えることができます。

サンプルファイル：ex_tabslet_hover.html

```
（略）
$(document).ready(function(){
//この中に処理を記述　開始

$('.tabs').tabslet({
    mouseevent: 'hover',    //マウスオーバーイベントの設定
    attribute: 'href',      //イベント [タブとコンテンツの関連付け]
    animation: false        //アニメーションフラグ [ON=true、OFF=false]
});

//この中に処理を記述　終了
});
（略）
<!-- Tabslet -->
<h2>Hover</h2>
<div class='tabs tabs_hover'>
    <ul class='horizontal'>
（略）
```

TABSLETライブラリの利用例(tabs_animate)

続いて、「tabs_animate」プロパティの場合です。このプロパティでは、タブをマウスクリックで切り替えると、フェードインアニメーションを行ってコンテンツを表示します。

サンプルファイル：ex_tabslet_animation.html

```
(略)
$(document).ready(function(){
//この中に処理を記述 開始

$('.tabs').tabslet({
    mouseevent: 'click',    //マウスクリックイベントの設定
    attribute: 'href',      //イベント [タブとコンテンツの関連付け]
    animation: true         //アニメーションフラグ [ON=true、OFF=false]
});

//この中に処理を記述 終了
});
 (略)
<!-- Tabslet -->
<h2>Animation</h2>
<div class='tabs tabs_animate'>
    <ul class='horizontal'>
 (略)
```

TABSLETライブラリの利用例（tabs_rotate）

続いて、「tabs_rotate」プロパティの場合です。このプロパティでは、マウスクリックでのタブの切り替えだけでなく、指定した時間でタブを自動で切り替えます。また、その際にフェードインアニメーションを行ってコンテンツを表示します。

サンプルファイル：ex_tabslet_rotation.html

```
（略）
$(document).ready(function(){
//この中に処理を記述 開始

$('.tabs').tabslet({
    autorotate: true,      //自動切り替えフラグ [ON=true、OFF=false]
    delay: 3000            //タブ切り替え間隔：3000=3秒
});

//この中に処理を記述 終了
});
（略）
<!-- Tabslet -->
<h2>Rotation</h2>
<div class='tabs tabs_rotate'>
    <ul class='horizontal'>
（略）
```

TABSLETライブラリの利用例(tabs_controls)

続いて、「tabs_controls」プロパティの場合です。このプロパティでは、「前へ」「次へ」ボタンなどのコントロールを表示させて、そのボタンでタブの切り替えを行うことができます。

サンプルファイル：ex_tabslet_controls.html

```
 (略)
$(document).ready(function(){
//この中に処理を記述 開始

$('.tabs').tabslet({
    controls: {
        prev: '.prev',    //前へ戻る
        next: '.next'     //次へ進む
    }
});

//この中に処理を記述 終了
});
 (略)
<!-- Tabslet -->
<h2>Controls</h2>
<div class='tabs tabs_controls'>
    <a class="prev">前へ</a>
    <a class="next">次へ</a>
    <span class='clear'></span>
    <ul class='horizontal'>
 (略)
```

TABSLETライブラリの利用例（before_event）

続いて、「before_event」プロパティの場合です。このプロパティでは、タブをクリックしてコンテンツが切り替わる前に、処理を追加できます。このサンプルではアラートを表示しています。

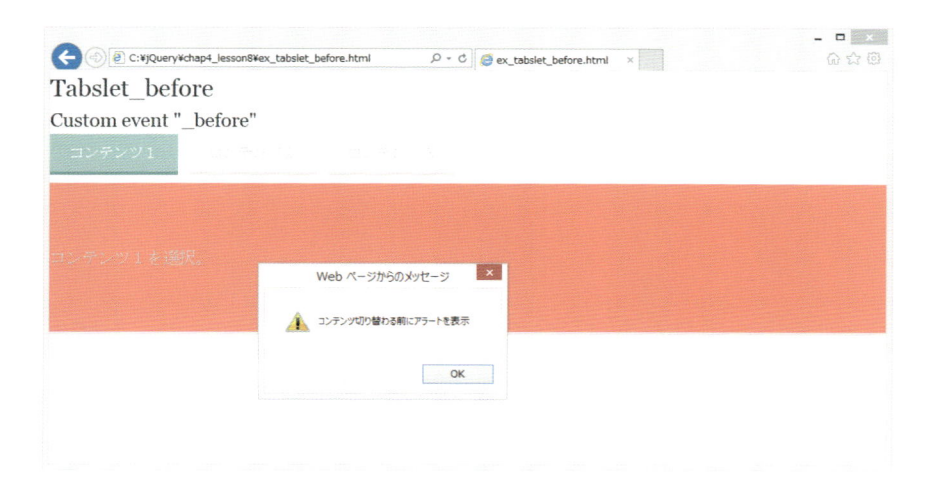

サンプルファイル：ex_tabslet_before.html

```
（略）
$(document).ready(function(){
//この中に処理を記述 開始

$('.before_event').tabslet();
$('.before_event').on("_before", function() {
    // 切り替わる前に行う処理を記述
    alert("コンテンツ切り替わる前にアラートを表示");
});

//この中に処理を記述 終了
});
（略）
<!-- Tabslet -->
<h2>Custom event "_before"</h2>
<div class='tabs before_event'>
    <ul class='horizontal'>
（略）
```

TABSLETライブラリの利用例（after_event）

続いて、「after_event」プロパティの場合です。このプロパティでは、タブをクリックしてコンテンツが切り替わった後に、処理を追加できます。このサンプルではアラートを表示しています。

サンプルファイル：ex_tabslet_after.html

```
（略）
$(document).ready(function(){
//この中に処理を記述 開始

$('.after_event').tabslet({
    animation: true   //アニメーションフラグ [ON=true、OFF=false]
});
$('.after_event').on("_after", function() {
    // 切り替わった後に行う処理を記述
    alert("コンテンツ切り替わった後にアラートを表示");
});

//この中に処理を記述 終了
});
 （略）
<!-- Tabslet -->
<h2>Custom event "_after"</h2>
<div class='tabs after_event'>
    <ul class='horizontal'>
 （略）
```

TABSLETライブラリの利用例(data-toggle、data-animation)

最後に紹介するのは、スクリプトを使わない方法です。HTMLにクラスを設定するだけで、タブのマウスクリックで、フェードインアニメーションでコンテンツを表示するサンプルです。

以下のリストにあるように、

```
<div class='tabs' data-toggle="tabslet" data-animation="true">
```

クラス「data-toggle」に"tabslet"を設定するだけで、スクリプトを記述することなく、簡単にタブ切り替えを使うことができます。アニメーションもクラス「data-animation」に"true"を設定するだけです（アニメーションをさせないときは"false"を指定します）。

サンプルファイル：ex_tabslet_toggle.html

```
（略）
<script src="http://code.jquery.com/jquery-2.1.1.min.js"></script>
<script src="./Tabslet-master/jquery.tabslet.min.js"></script>
<link rel="stylesheet" href="./Tabslet-master/demo/stylesheets/reset.css">
<link rel="stylesheet" href="./Tabslet-master/demo/stylesheets/styles.css">
<link rel="stylesheet" href="./Tabslet-master/demo/stylesheets/typography.css">
</head>
（略）
<h1>Tabslet_data-toggle</h1>
<!-- Tabslet -->
<h2>Custom event "toggle-data"</h2>
```

```html
<div class='tabs' data-toggle="tabslet" data-animation="true">
    <ul class='horizontal'>
        <li><a href="#tab-1">コンテンツ1</a></li>
        <li><a href="#tab-2">コンテンツ2</a></li>
        <li><a href="#tab-3">コンテンツ3</a></li>
    </ul>
    <div id='tab-1'><h3>コンテンツ1を選択。</h3></div>
    <div id='tab-2'><h3>コンテンツ2を選択。</h3></div>
    <div id='tab-3'><h3>コンテンツ3を選択。</h3></div>
</div>
<!-- Tabslet -->
(略)
```

TABSLETのプロパティ

このレッスンで紹介したサンプルプログラムでは、TABSLETサイトで紹介してるすべてのサンプルを解説していますが、その内容は執筆時のバージョンのものです。今後、バージョンアップなどでプロパティの変更や追加、削除があるかもしれません。

使用方法を理解したあと実際に使用する前に、以下のTABSLETサイトにてプロパティを再度確認することをお勧めします（ページ下部にあるためスクロールして確認してください）。

●TABSLETライブラリのプロパティ確認ページ
http://vdw.github.io/Tabslet/

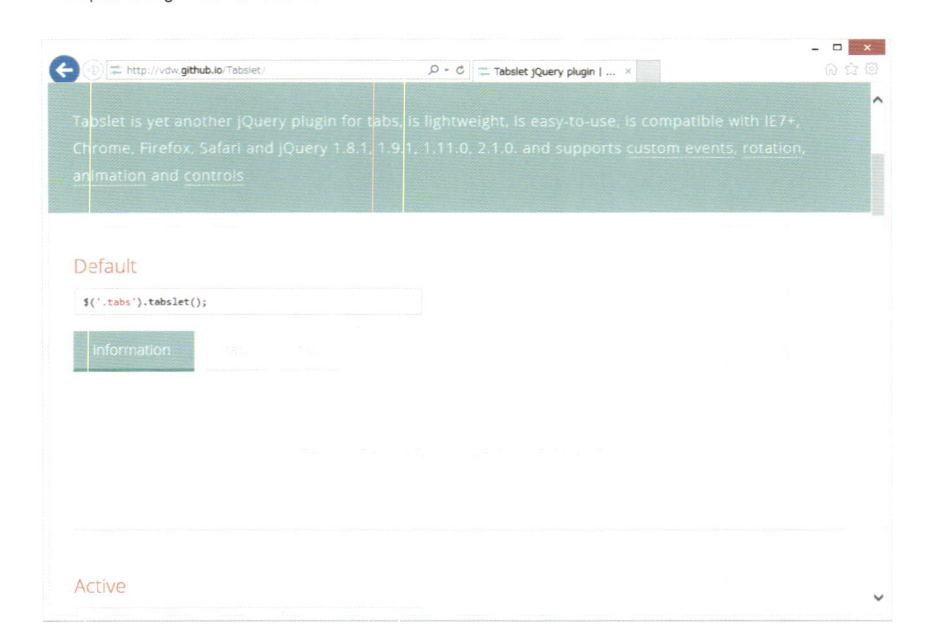

Lesson 9　Chapter 5

Intro.js
（チュートリアル表示）

Webサイト、Webアプリケーションのチュートリアル（イントロダクション）を簡単に作成するライブラリです。「Intro.js」ライブラリはチュートリアルをWebページに「直接埋め込む」ことができ、導入や説明のページを別途作成する必要がないのが利点です。

Webページの説明を見たい場合にわざわざページを切り替えて説明を見るのは、ユーザーにとっても煩わしいはずです。この「Intro.js」を利用すれば説明が必要なページにチュートリアルをインタラクティブに見れる仕組みとして組み入れることができます。

チュートリアル専用のWebページを作成したり、操作を説明する動画を作成したりしているサイトも多いですが「Intro.js」を利用すると、実際に操作しながら操作案内ができ、チュートリアル専用ページや動画を作成する手間を省くことができるのです。しかも、実際にユーザーが操作している時に案内が出せるので、とても分かりやすいチュートリアルができあがります。

このレッスンでは、「Intro.js」ライブラリのWebページを例に説明していきます。サンプルコードを見ながら使用方法を学んでください。

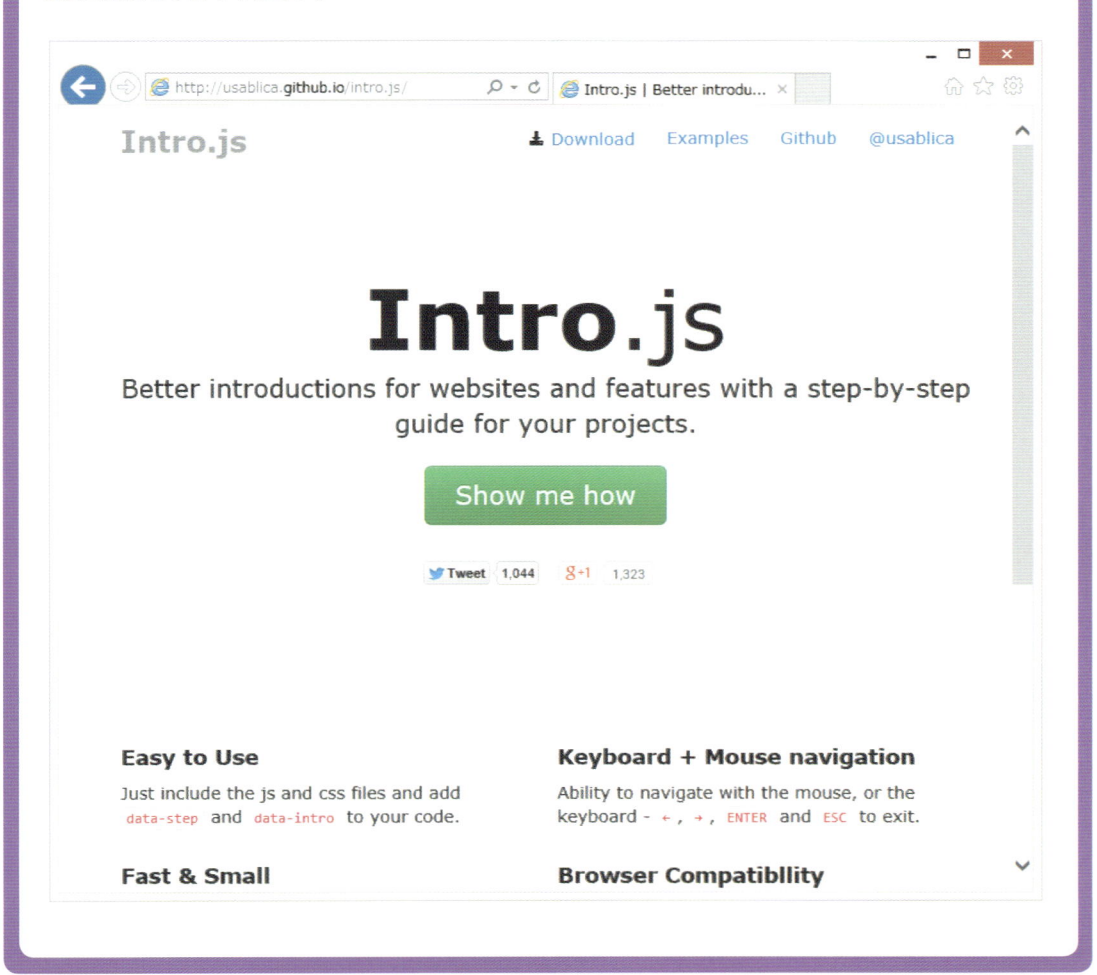

Intro.jsライブラリによるチュートリアル表示

チュートリアルの動きを言葉で説明するのは難しいので、Intro.jsライブラリの使い方の説明に入る前に、実際に触って動作を確認してみましょう。以下のIntro.jsライブラリのWebサイトにはチュートリアルが組み込まれています。

●Intro.jsライブラリのWebサイト
http://usablica.github.io/intro.js/

Webページにアクセスしたら「Show me how」ボタンをクリックしてください。

上記のように、番号と該当箇所がライトアップし、その該当箇所に関する説明がポップアップで表示されます。ポップアップには［Next］ボタンがあり、ボタンを押すことで次の説明に移ります。

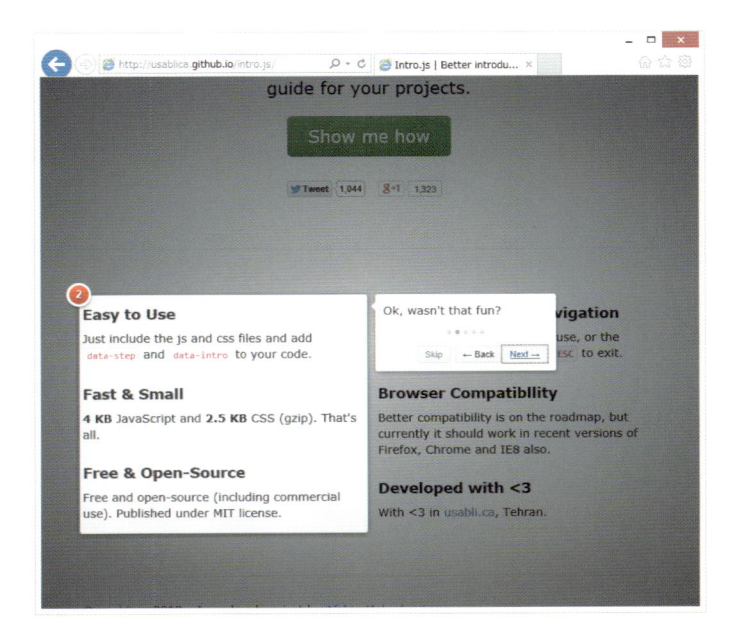

次のステップに移動しました。今度は番号が2になり、新たな説明が表示されます。ポップアップのなかに［Back］ボタンも表示されるので、前の説明に戻ることもできます。再度［Next］ボタンを押して、次のステップに進みます。

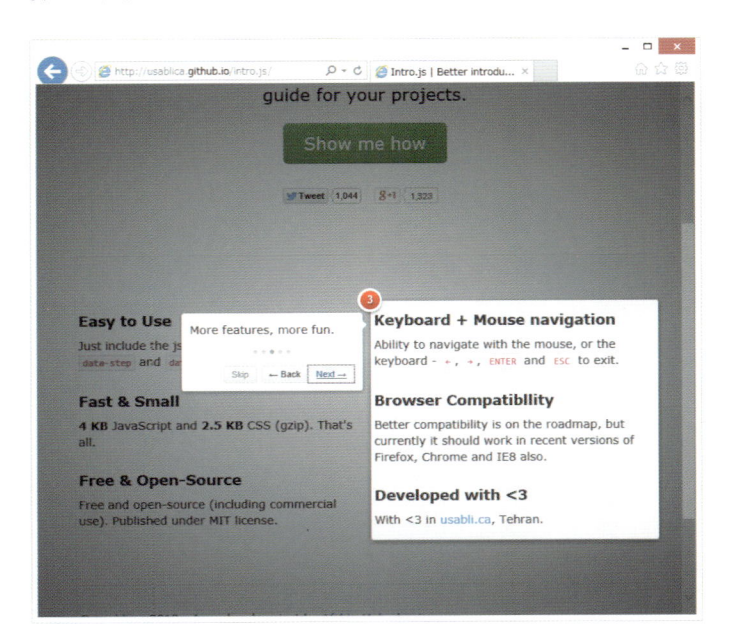

　このように、ポップアップされる説明と［Next］［Back］ボタンによって、ステップを自由に移動しながら、使い方などを確認することができます。途中でチュートリアルをやめたい場合は、［Skip］ボタンを押すことで元に戻ります。

Intro.jsライブラリの設定

それでは使い方を解説していきましょう。Intro.jsライブラリをダウンロードして、設定を行います。

1 Intro.jsライブラリのダウンロード
以下のサイトにアクセスし、画面上部の「Download」ボタンをクリックします。ダウンロードページが開きます。

●Intro.jsのダウンロードサイト
http://usablica.github.io/intro.js/

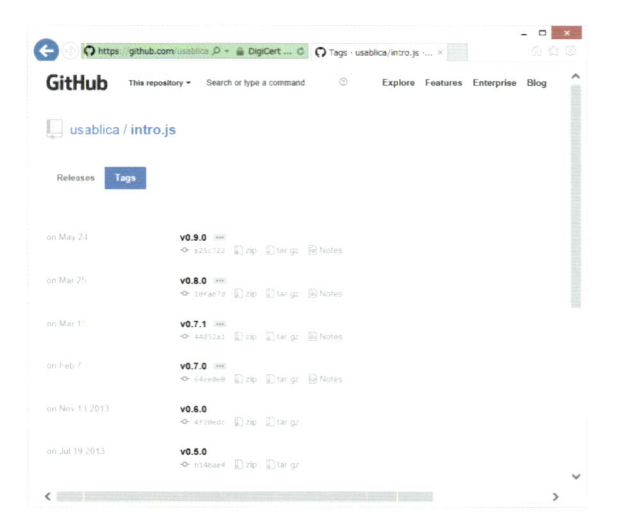

旧バージョンから最新バージョンまでダウンロードできるようになっています。執筆時点「v0.9.0」が最新ですので、クリックしてダウンロードしてください。

> (!) memo
>
> **Intro.jsのバージョン、ライセンス、対応ブラウザ**
>
> このレッスンでの解説は、Intro.jsの執筆時の最新バージョンで行っています。今後のバージョンアップなどで、仕様変更や利用方法が変わることがありますので、ご注意ください。
>
> 執筆時のバージョン：v0.9.0
> 対応ブラウザ：Firefox／Safari／Chrome／IE8〜
> jQuery：jQuery 2.x／1.x
> ライセンス：MIT

2 ファイルを解凍する

「intro.js-0.9.0.zip」がダウンロードされるので、ZIP圧縮を解凍して使用します。

解凍後のファイル一覧

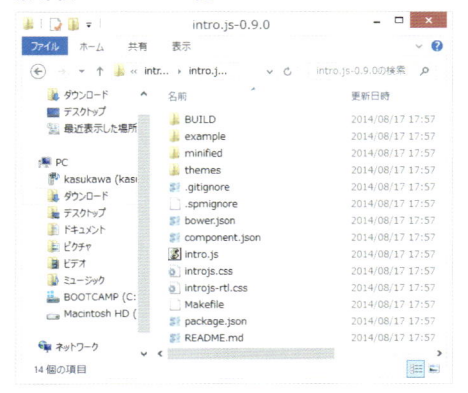

3 以下のファイルを読み込んで利用する

HTMLファイル側では、「Intro.jsライブラリ」の以下の2つのファイルを読み込んで使用します。

- introjs.css
- intro.js

ただし、「intro.js」は、bodyタグの閉じタグの前に記述します。

書式：alertify.js ライブラリの読み込み

```
<link rel="stylesheet" href="パス名/introjs.css">

<script src="パス名/intro.js"></script>
</body>
```

なお、Intro.jsライブラリではjQueryは使用しません。

Intro.jsライブラリの利用例

　Intro.jsライブラリの動作を確認するために、以下のサンプルプログラムを用意しました。このプログラムを実行すると「Intro.js」の本サイト同様の動作をします。なお、サンプルファイルの内容は「Intro.js」のサンプルプログラムを使用してますが、読み込んでいるライブラリのPATHと一部の記述を変更しています。

サンプルファイル：ex_intro.html

```html
<!DOCTYPE html>
<html lang="en">
<head>
<meta charset="utf-8">
<title>Basic usage</title>
<meta name="viewport" content="width=device-width, initial-scale=1.0">
<meta name="description" content="Intro.js - Better introductions for websites and features with a step-by-step guide for your projects.">
<meta name="author" content="Afshin Mehrabani (@afshinmeh) in usabli.ca group">

<!-- styles -->
<link href="intro.js-0.9.0/example/assets/css/bootstrap.min.css" rel="stylesheet">
<link href="intro.js-0.9.0/example/assets/css/demo.css" rel="stylesheet">

<!-- Add IntroJs styles -->
<link href="intro.js-0.9.0/introjs.css" rel="stylesheet">

<link href="intro.js-0.9.0/example/assets/css/bootstrap-responsive.min.css" rel="stylesheet">
</head>

<body>
<div class="container-narrow">

<div class="masthead">
<ul class="nav nav-pills pull-right" data-step="5" data-intro="Get it, use it.">
    <li><a href="https://github.com/usablica/intro.js/tags"><i class='icon-black icon-download-alt'></i> Download</a></li>
    <li><a href="https://github.com/usablica/intro.js">Github</a></li>
    <li><a href="https://twitter.com/usablica">@usablica</a></li>
</ul>
<h3 class="muted">Intro.js</h3>
</div>
```

```html
<hr>

<div class="jumbotron">
<h1 data-step="1" data-intro="This is a tooltip!">Basic Usage</h1>
<p class="lead" data-step="4" data-intro="Another step.">This is the basic usage of IntroJs, with <code>data-step</code> and <code>data-intro</code> attributes.</p>
<a id="help" class="btn btn-large btn-success">Show me how</a>
</div>

<hr>

<div class="row-fluid marketing">
    <div class="span6" data-step="2" data-intro="Ok, wasn't that fun?" data-position='right'>
        <h4>Section One</h4>
        <p>Lorem ipsum dolor sit amet, consectetur adipiscing elit. Duis mollis augue a neque cursus ac blandit orci faucibus. Phasellus nec metus purus.</p>

        <h4>Section Two</h4>
        <p>Lorem ipsum dolor sit amet, consectetur adipiscing elit. Duis mollis augue a neque cursus ac blandit orci faucibus. Phasellus nec metus purus.</p>

        <h4>Section Three</h4>
        <p>Lorem ipsum dolor sit amet, consectetur adipiscing elit. Duis mollis augue a neque cursus ac blandit orci faucibus. Phasellus nec metus purus.</p>
    </div>

    <div class="span6" data-step="3" data-intro="More features, more fun." data-position='left'>
        <h4>Section Four</h4>
        <p>Lorem ipsum dolor sit amet, consectetur adipiscing elit. Duis mollis augue a neque cursus ac blandit orci faucibus. Phasellus nec metus purus.</p>

        <h4>Section Five</h4>
        <p>Lorem ipsum dolor sit amet, consectetur adipiscing elit. Duis mollis augue a neque cursus ac blandit orci faucibus. Phasellus nec metus purus.</p>

        <h4>Section Six</h4>
        <p>Lorem ipsum dolor sit amet, consectetur adipiscing elit. Duis mollis augue a neque cursus ac blandit orci faucibus. Phasellus nec metus purus.</p>
    </div>
</div>

<hr>

</div>
```

```
<script src="intro.js-0.9.0/intro.js"></script>
<script>
document.getElementById("help").onclick = function(){   //操作説明ボタンのイベント
    introJs().     //IntroJSの使用準備
    start();        //IntroJSスタート
};
</script>

</body>
</html>
```

Intro.jsライブラリの動作の設定

　最初にチュートリアル開始時のイベントを設置し、次にチュートリアル内容と表示順を設定する必要があります。
　上記のコードの<script>部分のコメントを見るとわかるように、ここで「Show me how」ボタンをクリックした時に必要なチュートリアルイベントの設定をしています。ここで設定しているのは、初期設定で最低限必要な構成になります。
　Optionを利用することで、英語のボタン表示を日本語に変更したりなどと設定が変えられます。実際にOptionを変更して、日本語のボタン名に変更してみましょう。

サンプルファイル：ex_intro_option.html
```
（略）
<script src="intro.js-0.9.0/intro.js"></script>
<script>
document.getElementById("help").onclick = function(){   //操作説明ボタンのイベント
    introJs().     //IntroJSの使用準備
    setOption('nextLabel', '次へ').  //「Next」から「次へ」に変更
    setOption('prevLabel', '前へ').  //「Back」から「前へ」に変更
    start();        //IntroJSスタート
};
</script>
（略）
```

　実行してみると、ボタンが日本語に変更されていることがわかります。このようにして、Optionを利用することでIntro.jsライブラリの動作を設定することができます。

ボタン名を日本語に変更

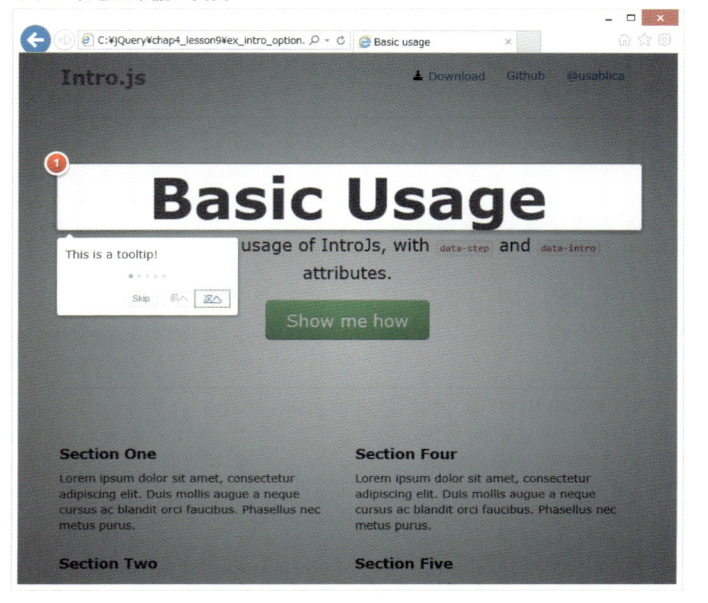

プロパティの一覧を以下の表に示します。

Intro.js ライブラリのプロパティ

プロパティ	概要
.setOption('showBullets', true)	ページリンクの表示／非表示（true/falseで指定）
.setOption('nextLabel', '次へ')	「Next」ボタンの文字を変更
.setOption('prevLabel', '前へ')	「Back」ボタンの文字を変更
.setOption('skipLabel', 'スキップ')	「Skip」ボタンの文字を変更
.setOption('doneLabel', '終了')	「Done」ボタンの文字を変更
.setOption('tooltipPosition', 'スキップ')	「Skip」ボタンの文字を変更
.setOption('keyboardNavigation',true)	キーボード操作の可否（true/falseで指定）
.setOption('showStepNumbers',true)	パネル番号の表示可否（true/falseで指定）
.setOption('exitOnEsc',true)	キーボードの［ESC］キーでオーバーレイを表示・非表示（true/falseで指定）
.setOption('exitOnOverlayClick',true)	オーバーレイをクリックで表示／非表示（true/falseで指定）
.setOption('showButtons',true)	ボタンの表示／非表示（true/falseで指定）
.setOption('tooltipPosition','bottom')	パネルの表示位置（「top」「bottom」「left」「right」のいずれか）
.setOption('tooltipClass',' {CSSのクラス名} ')	CSSのクラスを指定

チュートリアルで表示される表示順とポップアップメッセージの内容は、HTMLで指定します。先ほどのex_intr.htmlで赤字で表示した箇所を以下に再度示します。

```html
<h1 data-step="1" data-intro="This is a tooltip!">Basic Usage</h1>

<div class="span6" data-step="2" data-intro="Ok, wasn't that fun?" data-position='right'>

<div class="span6" data-step="3" data-intro="More features, more fun."  data-position='left'>

<p class="lead" data-step="4" data-intro="Another step.">

<ul class="nav nav-pills pull-right" data-step="5" data-intro="Get it, use it.">
```

これを見ればわかるように、チュートリアルを表示させたい各ブロックに、「data-step="表示順" data-intro="説明文章を記述"」の属性を記述するだけです。Intro.jsライブラリを使うとHTML要素に属性として追加するだけで「チュートリアル内容と順番」が設定でき、難しい記述が必要ないのがよい点です。

それでは、HTML要素に追加できる属性も表にまとめておきましょう。

HTML 要素に追加できる属性

属性	概要
data-intro	説明文（文字列）※必須
data-step	表示番号（数字）※必須
data-tooltipclass	CSSのクラスを指定
data-position	パネルの表示位置（「top」「bottom」「left」「right」のいずれか）

なお、このレッスンのサンプルコードを元にして使ってみる場合は、サンプルファイルの階層が変わると正しく動かないので、CSSやJSライブラリのPATHを確認してみてください。

Lesson 10　Chapter 5

Ajax（非同期通信）の基礎知識

準備編では、主にプログラマーが必要な知識の1つとして「Ajax」を上げていますが、Webデザイナーでも「Ajax」の基本的な知識は理解しておいたほうがよいケースが増えてきました。このレッスンでは実践編の最後として「Ajax」について取り上げます。

Ajaxとは「Asynchronous（非同期）＋JavaScript＋XML」の略語で、「非同期」でのクライアント・サーバ間のデータ通信技術のことです。反対語の「同期」は通常のWebページのリンク（aタグ）をクリックした場合の挙動がイメージしやすいでしょう。リンクをクリックするとページが切り替わりページ表示されるまで操作待ちとなります。

しかし「非同期」(Ajax）を利用すると、必要なデータだけを取得して部分的にページ内容を更新することができます。そのためデータ取得、表示切り替え時もほかの操作をすることが可能です。Ajaxを使うことで、ページの切り替えが必要なく、部分的なコンテンツのみ表示を更新することが可能になるのです。

これにより、Webページでよくありがちなリンクをクリックして次のページを読み込むまで操作ができないといったことが防げます。また「AjaxのX」はXMLのXですが、最近ではXMLだけでなくJSON（JavaScript Object Notation）／JSONP（JSON with padding）を使用するケースも多くなっています。

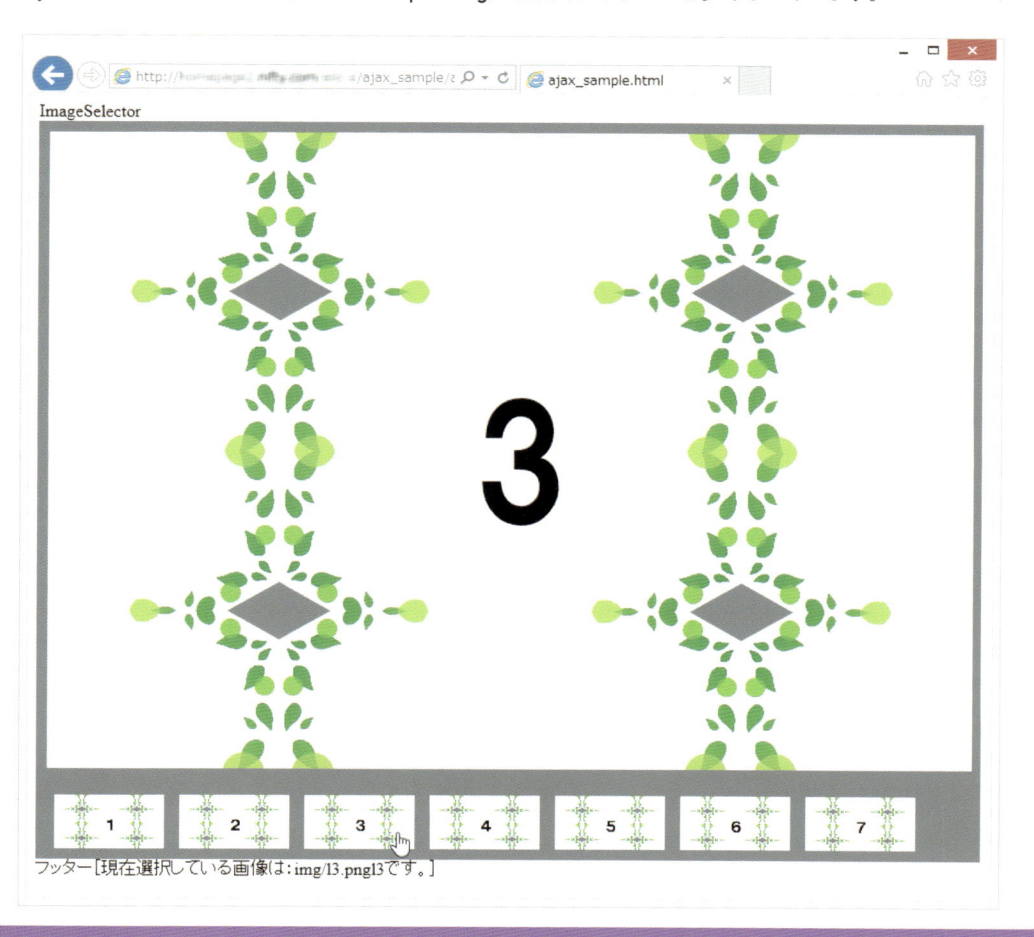

Ajaxの特徴

まず、Ajaxの特徴を以下にまとめておきます。

- Webページのリンクをクリックした時の待ち時間を軽減できる。
- 1ページ更新ではなく、「必要な箇所だけ」を必要なときに更新可能で、スムーズな画面の変更・更新が可能。
- 画像など多くの情報を載せるサイトには、都度情報を読み込むことで、最初のHTML/Imageの読み込み時間のストレスを軽減できる。
- Ajaxを使って得た情報は、ページの履歴に残らず、1履歴とはカウントされない。Ajaxでデータ表示した際には、ブラウザの[戻る]ボタンでは1つ前の状態には戻れず、Ajax通信前の画面に戻る。
- 履歴と同様で、「ページの更新」でも再表示すると初期状態に戻ってしまう。

Ajaxの構文

Ajaxを利用する場合の構文を先に示しておきます。

書式：Ajax

```
$ request = $.ajax({
        //A. 通信プロパティの設定
        //B. 通信成功の処理
        //C. 通信エラーの処理
        //D. 通信完了の処理
);
```

jQueryでAjax関数を利用する場合には、以下の記述が一般的でした。

```
//従来のAjax記述
$.ajax({.
(略)
});
```

ただし、jQueryもバージョンアップするに従ってAjaxの記述方法が変わってきました。

```
//新しいAjax記述
var request = $.ajax({.
(略)
});
```

新しい記述では、「request」のように$ajaxの通信結果とAjaxの必要な処理を変数に代入して処理を記述する方法を使うようになりました。「request」の中には、通信の結果と必要な処理が代入されます。

- request.Done（成功した時の処理）
- request.fail（失敗した時の処理）
- request.always（Ajax処理完了後の処理）

といった処理メソッドを「request」に代入して使うため、記述方法がハッキリして見やすくなります。実際に次にソースコード例を記載しますので、目的の処理ごとに切り分けて記述できることも確認しておきましょう。

> ## column
>
> ### JSONとJSONP
>
> 「JSON」と「JSONP」について、簡単に解説しておきます。
>
> #### ■JSON
>
> JSONは「ジェイソン」と呼び、「JavaScript Object Notation」の略語です。最近の傾向では、XMLデータに比べると通信データが軽量になるため、クライアント/サーバ間のデータ通信によく使われます。ただし、他のドメイン（クロスドメイン）とのデータ通信では使用できないことを覚えておきましょう。
>
> **JSONのデータ例**
> ```
> { "id":"1", "name":"山崎", "tel":"000-0000-0000" }
> ```
>
> 「"名":"値"」のセットで記述します。複数の場合には","（カンマ）で区切って「"名":"値"」を繋げて記述します。
>
> #### ■JSONP
>
> JSONとJSONPの大きな違いは、JSONPではクロスドメインでの通信が可能であることです。JSONPを利用することで、ほかのドメインで公開されているWebサービス（Web API）を使用することができ、データを取得して利用できるようになります。JSONやXMLではクロスドメインでの通信は不可能です。またXMLデータと比べると軽量なデータ交換フォーマットになります。
>
> **JSONPのデータ例**
> ```
> callback({ "id":"1", "name":"山崎", "tel":"000-0000-0000" });
> ```
>
> JSONPはデータを関数で括ります。上記の「callback(…)」はコールバック関数名です。コールバック関数名は変数同様に別名を付けることができます。クライアント側のAjax処理で「jsonpCallback:'コールバック関数名',」のjsonpCallbackプロパティの値を同一のコールバック関数名にする必要があることを覚えておきましょう。
> 本書のAjaxサンプルでも「jsonpCallback」プロパティを使用しているので参考にしてください。

Ajaxの構文(ソースコード例)

Ajaxの新しい記述に沿ったソースコードの例を以下に示します。

ソースコード例：A. 通信プロパティの設定 (datatype:JSON)

```
var request = $.ajax({
    type: "GET" ,                   //1
    url: 'demo_ajax_data.json',     //2
    cache: false,                   //3
    datatype: "json" ,              //4
    data:{                          //5
    "id" : 1,
    "name" : " yamazaki daisuek"
    },
    timeout: 3000                   //6
});
```

1番目の「type」プロパティは受け取るときは"GET"、送信するときは"POST"を指定します。2番目の「url」は通信先のファイルパスになります。

3番目の「cache」プロパティは、キャッシュをするかどうかで、JSONの場合はデフォルトでcache:trueです。JSONをキャッシュをしたくない場合は、cache:falseを指定する必要があります。なお、JSONPの場合はデフォルトでcache:falseとなります。

4番目の「datatype」プロパティは、受け取るデータ形式を指定します。「text、html、xml、json、jsonp、script」などデータ形式の種類があります。送られてくるデータの形式に合わせて設定する必要があります。なお、外部APIからデータを取得するケースではJSONP形式となります。外部APIを利用する場合には、外部APIのデータ形式がJSONPであるかを確認しておきましょう。

5番目の「data」プロパティには、送信したいデータをセットします。ブラウザ側（クライアント側）からデータ送信をする場合にはこのdataプロパティを使用します。なお、送信データがない場合はdataプロパティを記述しません。

6番目の「timeout」では、Ajax通信時に通信が接続されず、または通信が繋がるのを待つ時間を設定できます。「1000＝1秒」ですので、サンプルのように「timeout: 3000」を指定すると、3秒だけ待つことになります。

以降では、構文のみを示しておきます。

ソースコード例：B. 通信成功の処理

```
request.done(function(data) {
        //通信成功時の処理をここに記述
alert( "通信成功" );
});
```

ソースコード例：C. 通信エラーの処理

```
request.fail(function() {
        //エラー時の処理をここに記述
    alert( "通信エラー" );
});
```

ソースコード例：D. 通信完了の処理

```
request.always (function() {
        //通信完了時の処理をここに記述
    alert( "通信完了" );
});
```

Ajaxのサンプルプログラム

それでは実際にAjaxの動作を確認できるサンプルプログラムを用意しましたので、見ていきましょう。

なお、Ajaxサンプルを確認するには、レンタルサーバやローカルのWebサーバ（XAMPPやMAMPなどクライアントPCにインストールしているものでもOK）に設置して動作を確認する必要があります。デスクトップやCドライブなどに置いて直接ブラウザで開いても動作しませんので、ご注意ください。

実行結果は、レッスン冒頭の画面にありますが、画面下部のサムネイルをクリックすると、ページが切り替わることなく、対応した画像が上部に表示されることがわかります。

Ajaxでは、画像を一度に読み込むのではなく、クリックやスクロールをした際に動的に読み込むといった処理を行うケースも多いのですが、このサンプルではソースをできるだけわかりやすくするために、画像は一括して最初に読み込んでいます。

サンプルファイル：ajax_sample.html

```html
<!DOCTYPE html>
<html>
<head>
<meta charset="UTF-8">
<title>ajax_sample.html</title>
<style>
section{padding:10px;width:840px;background-color:rgba(0,0,0,0.5);}
#thumbs { height: 70px;   overflow: hidden;}
#thumbs img {width: 100px;height: 54px;margin: 20px 7px 0 7px; cursor: pointer;}
#thumbs img.selected { opacity: 0.8;alpha(opacity=80);}
</style>
<script src="http://code.jquery.com/jquery-2.1.1.min.js"></script>
<script>
$(document).ready(function(){
//この中に処理を記述 開始

//*************************************************************
//A. Ajax通信 開始(ver1.8...)
//*************************************************************
```

```javascript
var request = $.ajax({
    type: 'GET',         //GET、POST
    url: "ajax_data.json",
    cache:false,               //初期値はtrueでキャッシュする状態
    dataType: 'jsonp',    //text, html, xml, json, jsonp, script
    jsonpCallback: 'jsonp_data',
    timeout: 3000
});

//***************************************************************
//B. Ajax成功後処理
//***************************************************************
request.done(function(data) {
    console.log("----done.通信処理OK----");
    //パース処理
    var len = data.length;     //データの個数を取得
    for(var i=0; i<len; i++){  //データの個数分、繰り返し処理
        $("#thumbs").append('<img src="img/'+data[i].src+'" alt="'+data[i].alt+'">');                     //個数分IMGタグをHTML内に追加
    }
});

//***************************************************************
//C. Ajaxエラー処理
//***************************************************************
request.fail(function() {
    console.log("----fail.通信処理NG----");
});


//***************************************************************
//D. Ajax通信完了後処理
//***************************************************************
request.always(function() {
    console.log("----always.通信処理完了----");
        //最初の1回だけ動作するクリックイベント
    $("#thumbs img").one("click",function(){
        $("#links").show(1000);
    });
        //サムネイルクリック：画像切り替え処理
    $("#thumbs img").on("click",function(){
        var img_src = $(this).attr("src");
        var img_alt = $(this).attr("alt");
        $("#lage_img").attr("src",img_src).attr("alt",img_alt);
        $("#select_img").html(img_src + img_alt);
    });
});

//この中に処理を記述  終了
});
</script>
```

```html
</head>
<body>
<header>ImageSelector</header>
<main>
<section>
    <!-- 選択した画像を表示 -->
    <div><img id="lage_img" src="" alt=""></div>
    <!--/ 選択した画像を表示 -->

    <!-- IMGが挿入される場所 -->
    <div id="thumbs"></div>
    <!--/ IMGが挿入される場所 -->
</section>
</main>
<footer>フッター [現在選択している画像は：<span id="select_img"></span>] </footer>
</body>
</html>
```

→ Ajaxのサンプルプログラムの動作の設定

　このサンプルプログラムでは、外部サイトAPIを想定してdataTypeに「JSONP」を設定しました。「JSONP」を使用する場合には、以下にあるように「jsonpCallback:"プロパティ値"」を追加する必要があります。

```javascript
//*************************************************************
//A. Ajax通信 開始(ver1.8...)
//*************************************************************
var request = $.ajax({
        type: 'GET',        //GET、POST
        url: "ajax_data.json",
        cache:false,              //初期値はtrueでキャッシュする状態
        dataType: 'jsonp',        //text, html, xml, json, jsonp, script
        jsonpCallback: 'jsonp_data',
        timeout: 3000
});
```

　プロパティ値はjsonデータに合わせて変更します。以下に、ajax_sample.htmlといっしょにWebサーバにアップロードする「ajax_data.json」を示します。「jsonp_data」という名称になっているので、プロパティ値には同じ名称を指定します。

JSONデータ：ajax_data.json

```
jsonp_data(
[
{
        "src":"l1.png",
        "alt":"l1です。"
},
{
        "src":"l2.png",
        "alt":"l2です。"
},
(略)
```

　Ajaxでデータ通信が成功した後の処理について見ていきましょう。以下のリストになるように、「request.done(function(data){」がAjax通信が成功した際に実行される関数です。

　「data」には受信したjsonデータが格納されています。data.lengthでjsonデータ内のデータの個数を取得しています。「len」変数にはデータの個数が入ります。「ajax_data.json」には7つのデータが記載してあるので、7が入ります。

　そして、forループ処理を使い7回処理を繰り返して、「$("セレクタ").append」を利用してサムネイル箇所のimgタグを7個作成して追加します。

```
//***********************************************************
//B. Ajax成功後処理
//***********************************************************
request.done(function(data) {
        console.log("----done.通信処理OK----");
        //パース処理
        var len = data.length;           //データの個数を取得
        for(var i=0; i<len; i++){        //データの個数分、繰り返し処理
                $("#thumbs").append('<img  src="img/'+data[i].src+'" alt="'+data[i].alt+'">');        //個数分IMGタグをHTML内に追加
        }
});
```

　「request.fail(function(){」は、Ajax通信処理が失敗のときに実行される関数です。この関数を記述しておくことで、通信が失敗したのかどうかを知ることができます。

```
//***********************************************************
//C. Ajaxエラー処理
//***********************************************************
request.fail(function() {
        console.log("----fail.通信処理NG----");
});
```

「request.always(function(){」には、Ajax処理がすべて完了後、何かしらの処理をさせたい場合にこの関数内に記述します。ここでは下のサムネイルをクリックすると、Ajax通信で読み込まれた対応した画像を上に表示するという処理を行っています。

なお、完了後の処理がない場合は「request.always」を記述しなくても問題ありません。また、他の関数も必ずしも記述する必要はないのですが、「done、fail」は最低限必要になるでしょう。

```javascript
//****************************************************************
//D. Ajax通信完了後処理
//****************************************************************
request.always(function() {
        console.log("----always.通信処理完了----");
        //最初の1回だけ動作するクリックイベント
        $("#thumbs img").one("click",function(){
                $("#links").show(1000);
        });
        //サムネイルクリック：画像切り替え処理
        $("#thumbs img").on("click",function(){
                var img_src = $(this).attr("src");
                var img_alt = $(this).attr("alt");
                $("#lage_img").attr("src",img_src).attr("alt",img_alt);
                $("#select_img").html(img_src + img_alt);
        });
});
```

ブラウザでのAjax通信の確認

サンプルプログラムの動作はわかったと思いますが、実際にWebサーバとブラウザの間でどのような通信と処理が行われているのかも見ておきましょう。ここではInternet Explorerの「F12 開発者ツール」を使って確認する例を示します。

Internet Explorerを起動して、「F12 開発者ツール」の「ネットワーク」をクリックします。「ネットワーク」パネルの上部に再生ボタンのようなものがありますが、それがネットワークの監視を開始するボタンです。そのボタンをクリックすると赤い「■」のストップボタンになることを確認しましょう。

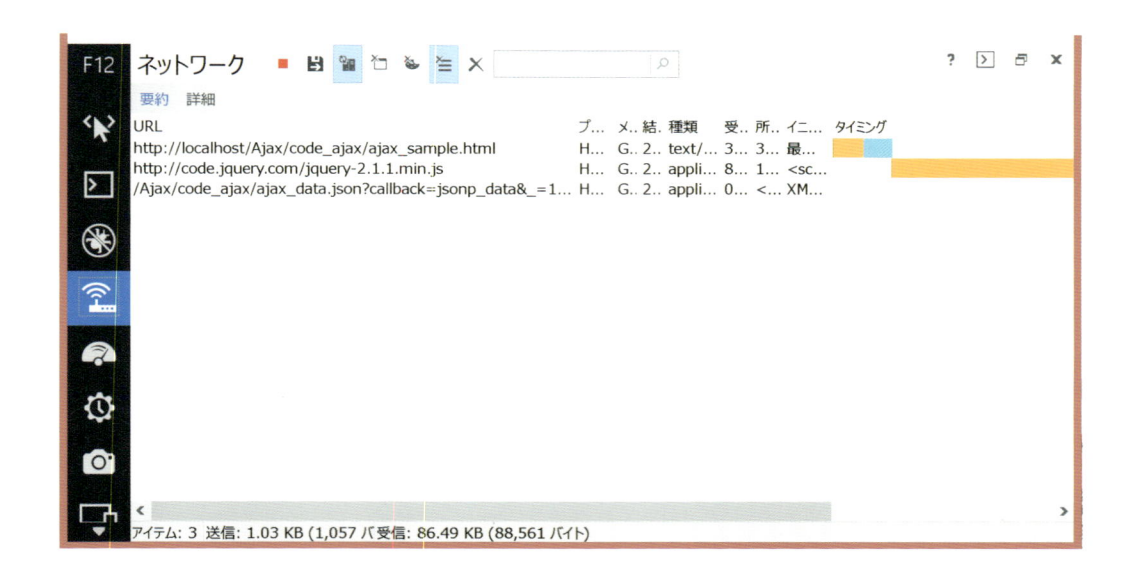

次にページをリロードします。「ネットワーク」パネルにいくつかのHTML関連ファイル名の項目が一覧で表示されます。拡張子が「.json」の項目をダブルクリックしてください。

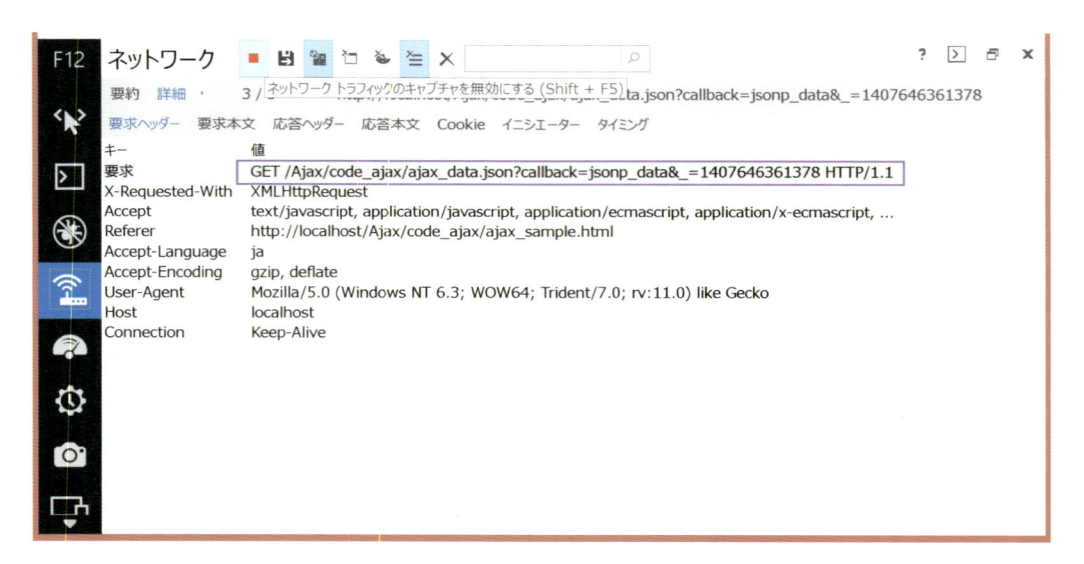

jsonファイルに対する情報が表示されます。上のタブにはリクエストされた「要求ヘッダー」「要求本文」などが表示されていますので、ここでは「応答本文」のタブをクリックしましょう。

「応答本文」にはjsonファイルから応答があった情報が記載されています。今回のサンプルで言えば、上記のようにjsonの情報が記述されています。これにより、jsonデータが取得できていることが確認できます。

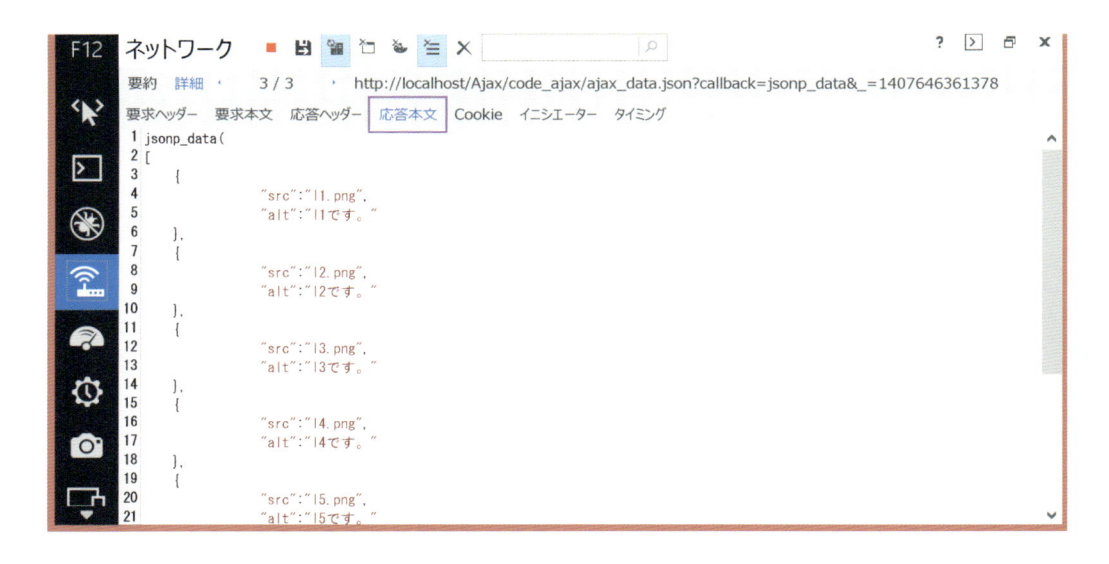

```
1  jsonp_data(
2  [
3      {
4          "src":"l1.png",
5          "alt":"l1です。"
6      },
7      {
8          "src":"l2.png",
9          "alt":"l2です。"
10     },
11     {
12         "src":"l3.png",
13         "alt":"l3です。"
14     },
15     {
16         "src":"l4.png",
17         "alt":"l4です。"
18     },
19     {
20         "src":"l5.png",
21         "alt":"l5です。"
```

索引

セレクタ索引

$("#id名 要素名")	074
$("#id名 > 要素名")	075
$("#id名")	070
$("*")	072
$(".class名")	070
$(".Class名1 .Class名2")	076
$(".Class名1.Class名2")	077
$("name名")	069
$("要素名")	068
$("要素名, #id名")	073
$("要素名:even")	080
$("要素名:first")	078
$("要素名:last")	079
$("要素名:odd")	081
$(this)	123, 128, 175
$(window)	135

メソッド一覧

afterメソッド	087, 103
animateメソッド	159, 163, 167
appendメソッド	087, 101
attrメソッド	087, 096
beforeメソッド	087, 102
cssメソッド	084
eachメソッド	175
emptyメソッド	087, 104
fadeInメソッド	141, 147
fadeOutメソッド	141, 146
hideメソッド	141, 145
htmlメソッド	087
prependメソッド	087, 100
removeAttrメソッド	099
removeメソッド	087, 105
showメソッド	141, 143, 145
slideDownメソッド	141, 149
slideToggleメソッド	141, 152, 154
slideUpメソッド	141, 150
stopメソッド	173
textメソッド	087, 090
triggerメソッド	141, 155
valメソッド	087, 093, 128

イベント索引

blurイベント	132
changeイベント	110, 126
clickイベント	110, 116
dbclickイベント	110, 117
focusイベント	131
hoverイベント	110, 122
keypressイベント	110, 130
mousedownイベント	110, 118
mousemoveイベント	110, 120
mouseoverイベント	110, 121
mouseupイベント	110, 119
offイベント	110, 114
oneイベント	110
onイベント	110, 111, 115
resizeイベント	133
scrollイベント	134
touchendイベント	124
touchmoveイベント	124
touchstartイベント	124

用語索引

記号
+演算子 ……………………………… 088
<script>タグ ……………………… 032, 062

A、B、C、D
Ajax通信 …………………………… 023, 257
alertify.js（ダイアログ／アラート） 225
API ………………………………………… 015
bxSlider（スライドショー）………… 178
Cascading Style Sheets ……………… 013
CDN（Contents Delivery Network）… 029
Chrome Developer Tools …………… 050
Chromeブラウザ ……………… 043, 050
class属性……………………………… 070
ColorBox（ポップアップ）………… 191
completeプロパティ ………………… 171
Consoleパネル ………………………… 053
CSS …………………………………… 013
CSS3 …………………………………… 015
DOM Explorer ………………… 044, 136
DOM（Document Object Model）… 136
durationプロパティ ………………… 163

E、F、H、I
easingプロパティ …………………… 165
Elementsパネル ……………… 050, 137
F12 開発者ツール … 044, 049, 097, 136, 265
FireFox ………………………………… 053
Flash …………………… 015, 016, 019
Form …………………………………… 093
HTML ………………………… 013, 136
HTML4 ………………………………… 015
HTML5 ………………………………… 015
HTMLタグ …………………………… 090
HTML要素 …………………… 069, 087, 105
HyperText Markup Language ……… 013
id属性 ………………………………… 070
input要素……………………………… 087
Internet Explorer …………………… 043
Intro.js（チュートリアル表示）… 247

J
JavaScript ……………………… 014, 020
JavaScriptライブラリ ……………… 017
jQuery ………………………………… 017
jQuery Easing Pluginライブラリ … 167
jQuery mobile ………………………… 022
jQuery Toggles（トグルボタン）… 209
jQueryアニメーション ……………… 158
jQueryの3つのポイント ……… 058, 060
jQueryのコメント …………………… 064
jQueryのバージョン ………… 030, 034
jQueryのファイルサイズ …………… 066
jQueryのライセンス ………………… 029
jQueryの記述 ………………………… 062
jQueryの対応ブラウザ ……………… 144
jQueryバージョン1.x ……………… 032
jQueryバージョン2.x ………… 032, 037
jQueryプラグイン・ライブラリ … 177
jQuery非推奨API …………………… 037
JSON（JavaScript Object Notation） 259
JSONP（JSON with padding）……… 259

L、M、N、R、S
linearプロパティ …………………… 165
liteAccordion（アコーディオン）… 200
Media Queries ……………………… 016
MIT License …………………………… 029
name属性 ……………………………… 069
Notification ………………………… 225
respond.js …………………………… 219
responsive nav（ナビゲーション） 219
slidr.js（スライドショー）………… 184
Sliverlight …………………………… 016
swingプロパティ …………………… 165

T、U、W、X、Z
TABSLET（タブ切り替え）………… 233
thisオブジェクト …………………… 123
UIKit …………………………………… 022
UTF-8 ………………………… 033, 036
Web API ……………………………… 259
Webサービス ………………………… 259
Webページ …………………………… 013
Windowオブジェクト ……………… 135
Windowサイズ ……………………… 133
window情報 ………………………… 135
WordPress …………………………… 083
XML …………………………… 136, 257
zepto.js ……………………………… 066

あ行
アコーディオン……………………… 200
値の取得……………………… 093, 128
値を操作する………………………… 093
アップデート………………………… 144
アニメーション 016, 019, 158, 163, 167, 182, 215, 245
アニメーションの終了 ……………… 171
アニメーションの速度……………… 163
アニメーションの停止……………… 173
アニメーションの秒数……………… 163
アラート ……………………………… 225
イージング ………………… 165, 167
イベント …………………… 061, 062, 109
イベントハンドラ…………………… 123
イベントプロパティ………………… 111

か行
開閉式メニュー……………………… 141
加減速………………………… 163, 165
キーボード操作………… 126, 131, 132
記述エラー…………………………… 053
奇数番目の要素……………………… 081
キャメルケース……………………… 159
偶数番目の要素……………………… 080
クリックイベント………… 116, 155
クロスドメイン……………………… 259
コールバック関数…………………… 259
コメント ……………………………… 064
子要素………………………… 074, 087
子要素の全削除……………………… 104
コンソールツールパネル ………… 049
コンテンツ…………………………… 013

さ行
最後の要素…………………………… 079
最初の要素…………………………… 078
スクリプター………………………… 015
スクリプトエラー…………… 049, 056

スクリプト言語……………………… 014
スクリプトの記述場所……………… 034
スクリプトを覚える極意…………… 024
スクロール…………………………… 134
すべての要素………………………… 072
スマートフォン
 …………… 016, 022, 124, 141, 209, 219
スライドアップ……………… 150, 152
スライドショー……… 178, 184, 198
スライドダウン……………… 149, 152
セレクタ……………………… 061, 067
装飾…………………………… 013, 016
属性…………………………… 067, 082
属性値の取得………………………… 096
属性値の変更………………………… 097
属性値を空にする…………………… 098
属性値を操作する…………………… 097

た行

ダイアログ…………………………… 225
タグ…………………………………… 013
タッチ操作のイベント……………… 124
タブ切り替え………………………… 223
ダブルクリックイベント…………… 117
タブレット…………………… 016, 124
単体イベント指定…………………… 111
チェンジイベント…………………… 126
チュートリアル……………………… 247
通知…………………………………… 225
ツリー構造…………………………… 135
テキストを操作する………………… 090
デザイナーのためのjQuery ……… 021
デザイン……………………………… 013
デバッグ……………………………… 042
デバッグツール……………………… 043
デベロッパーツール……… 050, 097, 136
等速…………………………………… 165
動的なページ………………………… 015, 061
透明度………………………………… 195
トグルボタン………………………… 209

な行

ナビゲーション……………………… 219
入力フォーム………………………… 093

は行

バージョンアップ…………………… 037
非推奨………………………………… 037
非同期通信…………………………… 257
フェードアウト……………………… 146
フェードイン……………… 147, 245
複数イベント指定…………………… 112
プラグイン………………… 020, 167, 177
フレームワーク……………………… 022
プログラマー………………………… 015
プログラマーのためのjQuery …… 022
分岐処理……………………………… 021
文書…………………………………… 013
ページ更新…………………………… 043
ポップアップ………………………… 191
ポップアップ表示… 141, 146, 147, 248
ホバーイベント……………………… 122

ま行

マークアップ………………………… 013
マウスアップイベント……………… 119
マウスオーバーイベント…………… 121
マウスから発生するイベント 116, 131, 132
マウスダウンイベント……………… 118
マウスムーブイベント……………… 120
孫要素………………………………… 075
メソッド……………………… 061, 082
メソッドチェーン…………… 106, 218
メディアクエリ………… 016, 219, 222
文字コード…………………… 033, 036
文字列の上書き………… 089, 091, 094
文字列の書き換え…………………… 087
文字列の取得………………… 087, 090
文字列を空にする… 090, 092, 095, 099

や行

要素…………………………… 013, 067, 082
要素の追加…………………………… 100
要素の非表示………………… 141, 145, 152
要素の表示…………………… 143, 145, 152

ら行

ライブラリ………………… 017, 020, 177
リロード……………………………… 043

レイアウト…………………………… 013
レガシーブラウザ…………………… 032
レスポンシブWebデザイン … 014, 016

掲載プログラム一覧

Chapter 2

Lesson 1

sample1-1.html …………………… 033
sample1-2.html …………………… 036

Lesson 2

sample1-3.html …………………… 039

Lesson 3

sample01.html ……………………… 044
sample02.html ……………………… 054

Chapter 3

Lesson 2

sample_alert.html ………………… 063
sample_comment1.html …………… 064
sample_comment2.html …………… 065
sample_comment3.html …………… 065

Lesson 3

selecter1.html ……………………… 068
selecter2.html ……………………… 069
selecter3.html ……………………… 070
selecter4.html ……………………… 071
selecter5.html ……………………… 072
selecter6.html ……………………… 073
selecter7.html ……………………… 074
selecter8.html ……………………… 075
selecter9.html ……………………… 076
selecter10.html …………………… 077
selecter11.html …………………… 078
selecter12.html …………………… 079
selecter13.html …………………… 080
selecter14.html …………………… 081

Lesson 4

method_css1-1.html	084
method_css1-2.html	086
method_write1-1.html	088
method_write1-2.html	088
method_write1-3.html	089
method_write1-4.html	090
method_write2-1.html	091
method_write2-2.html	092
method_write2-3.html	092
method_write3-1.html	093
method_write3-2.html	094
method_write3-3.html	095
method_write4-1.html	096
method_write4-2.html	097
method_write4-3.html	098
method_write4-4.html	099
method_write5-1.html	100
method_write5-2.html	101
method_write5-3.html	102
method_write5-4.html	103
method_write5-5.html	104
method_write5-6.html	105
method_chain1-1.html	107
method_chain1-2.html	108

Lesson5

event_on_click.html	111
event_on_two.html	112
event_on_parent.html	113
event_off_click.html	114
event_click.html	116
event_dblclick.html	117
event_mousedown.html	118
event_mouseup.html	119
event_mousemove.html	120
event_mouseover.html	121
event_hover.html	122
event_touch.html	124
event_change1-1.html	126
event_change1-2.html	127
event_change_text.html	129
event_keypress.html	130
event_focus.html	131
event_blur.html	132

event_resize.html	133
event_scroll.html	134
event_window.html	135

Chapter 4

Lesson 1

method_hide.html	142
method_show.html	143
method_show_hide.html	145
method_fadeout.html	146
method_fadein.html	148
method_slideDown.html	149
method_slideUp.html	151
method_slideToggle1.html	152
method_slideToggle2.html	153
method_slideToggle3.html	154
method_trigger.html	156

Lesson 2

animate1-1.html	160
animate1-2.html	162
animate1-3.html	164
animate1-4.html	166
animate1-4_plugineasing.html	170
animate1-5.html	172
animate1-6.html	174
method_each.html	175

Chapter 5

Lesson 1

ex_bxslider.html	181
ex_bxslider2.html	183

Lesson 2

ex_slidrjs.html	187
ex_slidrjs2.html	190

Lesson 3

ex_colorbox.html	194
ex_colorbox2.html	197
ex_colorbox_slideshow.html	198

Lesson 4

ex_liteaccordion.html	203
ex_liteaccordion2.html	208

Lesson 5

ex_toggle.html	213
ex_toggle_demo.html	216

Lesson 6

ex_responsive.html	222

Lesson 7

ex_dialog.html	228

Lesson 8

ex_tabslet_default.html	236
ex_tabslet_active.html	238
ex_tabslet_hover.html	239
ex_tabslet_animation.html	240
ex_tabslet_rotation.html	241
ex_tabslet_controls.html	242
ex_tabslet_before.html	243
ex_tabslet_after.html	244
ex_tabslet_toggle.html	245

Lesson 9

ex_intro.html	252
ex_intro_option.html	254

Lesson 10

ajax_sample.html	261

山崎 大助（やまざき だいすけ）
Microsoft MVP（Bing Maps Development）
デジタルハリウッド大学大学院 講師
デジタルハリウッド オンラインスクール 講師
株式会社inop 所属

数々のIT系メディアに登場し、2年連続Microsoft MVP（Bing Maps Development）に選ばれた業界最前線で活躍するクリエイター。アジアで唯一（世界9人中の1名）のMicrosoft MVP（Bing Maps Development）として、Bing関連だけでなくHTML5やWeb関連技術の普及に尽力している。IT系メディアでの寄稿、書籍の執筆ほか、ヒカ☆ラボ、パソナテックなどのセミナーやイベントでも活動。最近では@itの「HTML5アプリ作ろうぜ！」の連載でも人気を集めている。
著書として「レスポンシブWebデザイン「超」実践デザイン集中講義」（ソフトバンク クリエイティブ）がある。

カバーデザイン	宮嶋 章文
本文デザイン	米倉 英弘（株式会社細山田デザイン事務所）
本文DTP	中嶋 かをり（N&Iシステムコンサルティング株式会社）

jQuery レッスンブック
jQuery 2.x/1.x 対応

2014年10月3日 初版第1刷発行

著者	山崎 大助
発行人	片柳 秀夫
編集人	佐藤 英一
発行所	ソシム株式会社
	http://www.socym.co.jp/
	〒101-0064 東京都千代田区猿楽町1-5-15
	猿楽町SSビル
	TEL 03-5217-2400（代表）
	FAX 03-5217-2420
印刷・製本	シナノ印刷株式会社

- 本書の一部または全部について、個人で使用するほかは、著作権上、著者およびソシム株式会社の承諾を得ずに無断で複写／複製することは禁じられております。
- 本書の内容の運用によって、いかなる障害が生じても、ソシム株式会社、著者のいずれも責任を負いかねますのであらかじめご承知ください。
- 本書の内容に関して、ご質問やご意見などがございましたら、左記のソシムのWebサイトの「お問い合わせ」よりご連絡ください。なお、電話によるお問い合わせ、本書の内容を超えたご質問には応じられませんのでご了承ください。

定価はカバーに表示してあります。
落丁・乱丁は弊社編集部までお送りください。送料弊社負担にてお取り替えいたします。

ISBN978-4-88337-947-7　Printed in JAPAN　©2014 Daisuke Yamazaki